Vagrant
开发运维实战

[英] 亚历克斯・布朗顿（Alex Braunton） 著
高远 译

人 民 邮 电 出 版 社
北 京

图书在版编目（CIP）数据

Vagrant开发运维实战 / (英) 亚历克斯·布朗顿 (Alex Braunton) 著 ; 高远译. -- 北京 : 人民邮电出版社, 2021.9（2022.8重印）
ISBN 978-7-115-56337-8

Ⅰ. ①V… Ⅱ. ①亚… ②高… Ⅲ. ①软件工具—程序设计 Ⅳ. ①TP311.561

中国版本图书馆CIP数据核字(2021)第066152号

版权声明

◆ 著　　[英] 亚历克斯·布朗顿（Alex Braunton）
　译　　高　远
　责任编辑　陈聪聪
　责任印制　王　郁　焦志炜

◆ 人民邮电出版社出版发行　北京市丰台区成寿寺路 11 号
　邮编　100164　电子邮件　315@ptpress.com.cn
　网址　https://www.ptpress.com.cn
　北京天宇星印刷厂印刷

◆ 开本：800×1000　1/16
　印张：13.5　　2021 年 9 月第 1 版
　字数：212 千字　　2022 年 8 月北京第 2 次印刷

著作权合同登记号　图字：01-2018-8079 号

定价：79.00 元

读者服务热线：(010)81055410　印装质量热线：(010)81055316

反盗版热线：(010)81055315

广告经营许可证：京东市监广登字 20170147 号

内容提要

Vagrant 是一款开源软件，它允许开发者以编程的方式管理虚拟机，帮助团队之间共享开发环境。本书不仅全面地介绍 Vagrant 的各个知识点，还包含很多相关生态的应用技巧。本书前 8 章以循序渐进的方式介绍 Vagrant 的各个功能点和特性，后 6 章则详细介绍 5 种主流配置管理工具（Ansible、Chef、Docker、Puppet 和 Salt），以及它们是如何与 Vagrant 协同工作的。阅读完本书，相信读者一定能有所收获。

本书可供 Vagrant 开发与运维的初学者阅读，已经对 Vagrant 有所了解的读者在阅读本书后也将更好地理解和使用 Vagrant。无论读者处于什么水平，通过学习本书讲解的全新知识点和应用技巧，都能有所收获。

关于作者

亚历克斯·布朗顿（Alex Braunton）是一名白天专注于LAMP技术栈Web开发，夜晚专注于研究硬件技术的极客。他热衷于各种技术领域，并且喜欢用他的Respberry Pi系列组件去构建机器人和家装自动化系统。目前他专注于提高自己的DevOps知识，并且尝试了一系列技术，如无服务器架构、虚拟现实以及GraphQL。他还收藏了大量的盆景，经常和家人一起讨论盆景艺术和历史。

首先要感谢我的妻子弗朗西斯卡（Francesca）。没有她的支持，这本书是不可能完成的。我还要感谢Packt团队，他们引导我完美地完成了本书的每一步，尤其是罗希特·拉杰库马尔（Rohit Rajkumar）和达塔特拉亚·莫尔（Dattatraya More）。我要感谢米切尔·桥本（Mitchell Hashimoto）[与阿蒙·达加（Armon Dadgar）联合创办了HashiCorp公司]创造了一个非常出色的软件——Vagrant，他的想法和代码真正激发了我的灵感。

关于审阅者

米查·沃翁凯维奇（Michal Wolonkiewicz）获得驾照前刚刚开始参与 home meteo 工作站网络的搭建。作为公共和私营部门系统工程师，他获得了自己的第一次商业经验，改进了投资银行的基础设施，并指导开发人员如何使用它们。他还经营着一家咨询公司，其目标是提供 IT、电信和安全技术方面的专业知识。您可以通过邮箱 michal@wolonkiewi.cz 联系到他。

特别感谢我的家人——我的妻子艾达（Ada）和我的儿子沃伊切赫（Wojciech），他们让我更强大、更富有耐心。

前言

Vagrant 是一款开源工具，它允许开发者以编程的形式管理虚拟机。Vagrant 主要致力于创建世界各地团队之间可以共用的开发环境，解决了“在我的机器上运行正常”这种问题，并允许任何人使用 Vagrantfile 配置文件创建其他原始机器的副本。

Vagrant 由米切尔·桥本创建并维护，并且一直由他提供支持和更新。这款软件自 2010 年创建以来一直在不断完善。

目标读者

在本书中，我们将介绍 Vagrant 的方方面面。本书可供对 Vagrant 开发与运维知之甚少的初学者阅读。我们将介绍如何安装 Vagrant，以及启动运行它所需的所有基本知识。

本书也可供需要进阶的读者阅读，以帮助其更好地理解和使用 Vagrant。我们将使用 Chef 和 Ansible 等配置管理工具来介绍可用的命令、网络、多机器配置等。

无论您处于什么水平，通过学习本书讲解的全新知识点和应用技巧，您都能有所收获。

主要内容

第 1 章带领您走进 Vagrant 的世界。本章通过介绍 Vagrant 的基础知识来引导您阅读本书。您将了解 Vagrant 是什么、Vagrant 的优点、VirtualBox 是什么，以及 DevOps 是什么。您还将了解 Vagrant 如何适应 DevOps 环境、如何将 Vagrant 用作 DevOps 工具，以及一些其他软件。

第 2 章介绍如何在 Windows、macOS 和 Linux 操作系统上安装 VirtualBox 和 Vagrant。

您将学习通过浏览 VirtualBox 和 Vagrant 官网完成下载、安装以及验证已安装的软件等操作。

第 3 章介绍使用 Vagrant 提供的有效命令的方法。您将了解所有可用的 Vagrant 命令和子命令。您还将了解 Vagrant 命令的结构、如何使用 help 命令获取更多信息，以及每个命令的简要说明。在本章结尾，您将掌握通过命令行管理 Vagrant 的方法。

第 4 章涵盖 Vagrant box 的方方面面。我们将研究如何管理 Vagrant box，包括安装、删除和版本管理。我们还将创建一个 box，来建立 Vagrant 环境的基本依赖。在这一章，我们还将介绍 Vagrant Cloud 及其用途。Vagrant Cloud 是一个可搜索并下载 Vagrant box 的网站。我们将介绍一系列内容，包括如何使用 Vagrant Cloud 网站、如何搜索特定的 box 以及如何安装它。

第 5 章探索 Vagrantfile 的知识，Vagrantfile 允许您轻松定义 Vagrant 机器。Vagrantfile 提供许多不同的配置项，例如网络、文件夹同步、多机器选项、原生配置和特定程序的配置等。一旦创建，您就将学习 Vagrantfile 的语法、格式以及如何验证它们。

第 6 章介绍如何简单地配置 Vagrant 网络并用它创建一些强大的设置。这一章主要介绍 3 种主要的网络配置项：端口转发、专用网络和公用网络。您将通过实例学习如何使用这 3 种网络，并且了解它们各自的优点。

第 7 章介绍多机器配置功能，它允许使用单个 Vagrantfile 管理和配置多台 Vagrant 机器。您将创建一个模拟真实场景的多机器环境，创建一台运行 Web 服务的机器和一台运行数据库的机器，这些机器将按照网络配置进行通信。这将为您后面的学习打下坚实的基础，并帮助您使用多机器选项创建强大的环境。

第 8 章探索 Vagrant 插件与文件同步。虽然 Vagrant 提供了很多特性，但是您仍然可能会有一些额外的功能需求。在这一章，您将学习关于 Vagrant 插件的内容。您会发现安装和使用 Vagrant 插件有多么简单。您将学习很多的命令和子命令，学习如何使用 Vagrant 同步文件以及不同的可用配置项。

第 9 章介绍如何使用 Vagrant 处理配置管理需求，这是 Vagrant 的又一个强大特性，可以让您很轻松地配置 Vagrant 机器。这一章将向您详细介绍配置管理工具、Shell 形式和文件形式的配置管理。在使用这些类型的配置管理方式时，您也可以了解到多种可用的配置选项。

第 10 章介绍使用 Ansible 和 Ansible Playbook 配置 Vagrant 环境。在学习如何在机器上使用 Ansible 配置 Vagrant box 之前，您还将简要了解如何在 Vagrant 机器上安装 Ansible。

第 11 章介绍如何使用 Chef 和 Chef Cookbook 来配置 Vagrant 环境。您将学习如何使用基本选项（Chef Solo）和高级选项（Chef Client）来配置机器。

第 12 章深入研究如何使用 Docker 配置 Vagrant 环境。我们将研究如何从 Docker Hub 搜索并拉取镜像，以及将镜像作为容器启动的过程。我们还将介绍在将 Docker 用作 Vagrant 配置器时可以接受的不同配置项。

第 13 章探索如何使用 Puppet 配置 Vagrant 环境。您将学习 Vagrant 支持的两种主要方式：Puppet Apply 和 Puppet Agent。使用 Puppet Agent 时，您将学习如何连接 Puppet Master 进而从中检索指令。

第 14 章解决使用 Salt 配置 Vagrant 环境的问题。您还将了解 Salt State，它帮助我们将制定的包和服务添加到配置管理流程中。

关于本书

本书同时面向初学者和进阶读者。它将教您安装所需的软件，如果您已经安装了，请检查版本，因为您的版本与本书使用的可能存在差异。您可能需要升级软件，这些软件包括以下几种。

- VirtualBox 版本：5.2.10。
- Vagrant 版本：2.0.4。
- Ubuntu box（来自 Vagrant Cloud）版本：ubuntu/xenial64 20180510.0.0。

本书的每一章都值得反复阅读，这样您就不会错过任何东西。如果您需要更多的信息或者说明，可以查阅 Vagrant 的官方文档。

资源与支持

本书由异步社区出品，社区（https://www.epubit.com/）为您提供相关资源和后续服务。

配套资源

本书提供源代码。

要获得以上配套资源，请在异步社区本书页面单击 配套资源 按钮，跳转到下载界面，按提示进行操作即可。注意，为保证购书读者的权益，该操作会给出相关提示，要求输入提取码进行验证。

提交错误信息

作者和编辑尽最大努力来确保书中内容的准确性，但难免会存在疏漏。欢迎您将发现的问题反馈给我们，帮助我们提升图书的质量。

当您发现错误时，请登录异步社区，按书名搜索，进入本书页面，选择“提交勘误”选项卡，输入错误信息，单击“提交”按钮即可，如右图所示。本书的作者和编辑会对您提交的错误信息进行审核，确认并接受后，您将获赠异步社区的100积分。积分可用于在异步社区兑换优惠券、样书或奖品。

扫码关注本书

扫描下方二维码，您将在异步社区微信服务号中看到本书信息及相关的服务提示。

与我们联系

我们的联系邮箱是 fudaokun@ptpress.com.cn。

如果您对本书有任何疑问或建议，请您发邮件给我们，并请在邮件标题中注明本书书名，以便我们更高效地做出反馈。

如果您有兴趣出版图书、录制教学视频，或者参与图书翻译、技术审校等工作，可以发邮件给我们。

如果您所在的学校、培训机构或企业，想批量购买本书或异步社区出版的其他图书，也可以发邮件给我们。

如果您在网上发现有针对异步社区出品图书的各种形式的盗版行为，包括对图书全部或部分内容的非授权传播，请您将怀疑有侵权行为的链接发邮件给我们。您的这一举动是对作者权益的保护，也是我们持续为您提供有价值内容的动力之源。

关于异步社区和异步图书

“异步社区”是人民邮电出版社旗下 IT 专业图书社区，致力于出版精品 IT 技术图书和相关学习产品，为作译者提供优质出版服务。异步社区创办于 2015 年 8 月，提供大量精品 IT 技术图书和电子书，以及高品质技术文章和视频课程。详情请访问异步社区官网 https://www.epubit.com。

“异步图书”是由异步社区编辑团队策划出版的精品 IT 专业图书的品牌，依托于人民邮电出版社的计算机图书出版经验积累和专业编辑团队，相关图书在封面上印有异步图书的 Logo。异步图书的出版领域包括软件开发、大数据、AI、测试、前端、网络技术等。

异步社区

微信服务号

目录

第1章　简介　1

1.1　从 Vagrant 和 DevOps 开始……1

1.1.1　走进 Vagrant 世界……2

1.1.2　Vagrant 的优点……3

1.1.3　什么是 VirtualBox……4

1.1.4　什么是 DevOps……5

1.2　DevOps 中的 Vagrant……5

1.2.1　Vagrant 在 DevOps 中的开发状态……5

1.2.2　Vagrant 如何适应 DevOps……7

1.2.3　将 Vagrant 用作日常 DevOps 工具……7

1.3　总结……8

第2章　安装 VirtualBox 和 Vagrant　9

2.1　在 Windows 中安装 VirtualBox 和 Vagrant……10

2.1.1　准备工作……10

2.1.2　在 Windows 10 中安装 VirtualBox……11

2.1.3　在 Windows 10 中安装 Vagrant……13

2.2　在 Linux 中安装 VirtualBox 和 Vagrant……14

2.2.1　准备工作……15

2.2.2　在 Ubuntu 16.04 中安装 VirtualBox……15

2.2.3 在 Ubuntu 16.04 操作系统中安装 Vagrant …… 16

2.3 在 macOS 中安装 VirtualBox 和 Vagrant …… 17

2.3.1 准备工作 …… 17

2.3.2 在 macOS 10.11.3 中安装 VirtualBox …… 18

2.3.3 在 macOS 10.13.3 中安装 Vagrant …… 19

2.4 总结 …… 20

第 3 章 命令行界面——Vagrant 命令 21

3.1 Vagrant 命令概述 …… 21

3.2 深入了解 Vagrant 命令 …… 23

3.2.1 关于命令格式的简要说明 …… 23

3.2.2 常规 Vagrant 命令和子命令 …… 24

3.2.3 Vagrant 的配置命令和子命令 …… 25

3.2.4 日常使用的 Vagrant 命令和子命令 …… 28

3.2.5 特定应用程序的 Vagrant 命令和子命令 …… 35

3.2.6 使用这些命令的典型的 Vagrant 工作流 …… 39

3.3 故障排除 …… 41

3.4 总结 …… 42

第 4 章 探索 Vagrant box——Vagrant Cloud 43

4.1 Vagrant box …… 44

4.1.1 Vagrant box 文件 …… 44

4.1.2 如何安装 Vagrant box …… 45

4.1.3 如何删除 Vagrant box …… 46

4.1.4 box 版本管理 …… 48

4.2 Vagrant Cloud …… 48

4.3 将 Vagrant box 上传到 Vagrant Cloud …… 54

4.4 Vagrant box 的企业级解决方案······60

4.5 总结······60

第 5 章 使用 Vagrantfile 配置 Vagrant 62

5.1 了解 Vagrantfile······62

5.1.1 新建 Vagrantfile······63

5.1.2 Vagrantfile 语法······64

5.2 Vagrantfile 选项······64

5.2.1 Vagrant 机器配置（config.vm）······64

5.2.2 Vagrant SSH 配置（config.ssh）······67

5.2.3 Vagrant 配置（config.vagrant）······69

5.2.4 其他 Vagrantfile 配置······69

5.3 Vagrantfile 故障排除······70

5.4 总结······72

第 6 章 Vagrant 中的网络 73

6.1 端口转发······73

6.1.1 端口转发配置······74

6.1.2 端口转发知识点······77

6.2 专用网络······78

6.2.1 DHCP······78

6.2.2 静态 IP······80

6.2.3 IPv6······81

6.3 公用网络······81

6.3.1 DHCP······82

6.3.2 静态 IP······83

6.3.3 网桥 83

6.4 总结 83

第 7 章 多机器 85

7.1 多机器特性 85

7.1.1 多机器负载均衡 86

7.1.2 使用 Vagrant 多机器配置功能配置 Web 服务与数据库 93

7.2 总结 99

第 8 章 探索 Vagrant 插件与文件同步 100

8.1 了解 Vagrant 插件 100

8.1.1 Vagrant 插件概述 101

8.1.2 管理 Vagrant 插件 101

8.1.3 Vagrant 中的 plugin 命令与子命令 103

8.1.4 Vagrant 插件的搜索、安装与使用 104

8.2 Vagrant 文件同步 109

8.3 总结 112

第 9 章 Shell 脚本——服务开通 114

9.1 Vagrant 服务开通 114

9.2 了解配置管理 115

9.3 Vagrant 服务开通的基本用法 116

9.4 使用文件选项进行 Vagrant 服务开通 117

9.4.1 使用单个文件 117

9.4.2 使用整个文件夹 118

9.5 Vagrant Shell 配置管理 119

9.5.1 内联脚本 …… 121
9.5.2 外部脚本 …… 121
9.5.3 脚本参数 …… 122
9.6 总结 …… 123

第 10 章 Ansible——使用 Ansible 配置 Vagrant box 124

10.1 了解 Ansible …… 125
10.2 安装 Ansible …… 125
10.3 使用 Ansible 配置 Vagrant …… 127
10.3.1 在主机上使用 Ansible 配置 Vagrant …… 127
10.3.2 在客户机上使用 Ansible 配置 Vagrant …… 130
10.3.3 附加 Ansible 配置 …… 132
10.4 Ansible Playbook …… 134
10.5 总结 …… 135

第 11 章 Chef——使用 Chef 配置 Vagrant box 136

11.1 了解 Chef …… 137
11.2 Chef Cookbook …… 137
11.2.1 Recipe …… 138
11.2.2 模板 …… 138
11.2.3 属性值 …… 138
11.2.4 扩展 …… 139
11.2.5 文件分发 …… 139
11.3 Chef Supermarket …… 139
11.4 使用 Chef 配置 Vagrant …… 142
11.4.1 在 macOS 上安装 Chef …… 142

11.4.2 使用 Chef Solo 配置 Vagrant 机器 144
11.4.3 使用 Chef Client 配置 Vagrant 机器 147
11.5 总结 148

第 12 章 Docker——Docker 与 Vagrant 一起使用 149

12.1 了解 Docker 150
12.2 使用 Docker Hub 查找和拉取镜像 151
12.3 基本用法——启动容器 153
12.3.1 docker pull 154
12.3.2 docker run 154
12.3.3 docker stop 155
12.3.4 docker start 155
12.3.5 docker search 156
12.4 使用 Docker 配置 Vagrant 机器 156
12.5 Vagrant 中的 Docker 特定配置 158
12.5.1 镜像 159
12.5.2 build_image 159
12.5.3 pull_images 160
12.5.4 run 160
12.5.5 post_install_provisioner 163
12.6 总结 164

第 13 章 Puppet——使用 Puppet 配置 Vagrant box 165

13.1 了解 Puppet 165
13.2 Puppet Apply 和 Puppet Agent 167
13.2.1 Puppet Apply 167
13.2.2 Puppet Agent 170

13.3 Puppet Manifest 示例和语法 ········ 171

13.4 使用 Puppet 进行服务开通 ········ 173

13.4.1 使用 Puppet Apply 进行服务开通 ········ 173

13.4.2 使用 Puppet Agent 进行服务开通 ········ 176

13.5 总结 ········ 181

第 14 章 Salt——使用 Salt 配置 Vagrant box 183

14.1 了解 Salt ········ 183

14.1.1 Salt 服务器端 ········ 184

14.1.2 Salt 客户端 ········ 184

14.1.3 模块 ········ 184

14.2 Salt State ········ 186

14.3 使用 Salt 配置 Vagrant ········ 186

14.4 Vagrant 中可以使用的 Salt 选项 ········ 190

14.4.1 Install 选项 ········ 190

14.4.2 Minion 选项 ········ 191

14.4.3 Master 选项 ········ 192

14.4.4 执行状态 ········ 192

14.4.5 执行器 ········ 192

14.4.6 输出控制 ········ 192

14.5 Vagrant 备忘清单 ········ 193

14.5.1 测试 Vagrantfile ········ 193

14.5.2 保存快照 ········ 193

14.5.3 状态 ········ 193

14.5.4 box ········ 194

14.5.5 硬件规格 ········ 194

14.5.6　代码部署 ······ 194
14.5.7　多机器 ······ 195
14.5.8　通用基础 ······ 195
14.6　总结 ······ 195

第1章 简介

一场激动人心的旅程即将为您开启。本节将会重点关注 Vagrant 与其在 DevOps 中的角色。通过这些章节，您将学习一些有趣且有用的内容，以及关于 Vagrant 的知识和技巧。在开始的几章中，我们会专注于 Vagrant 的基础知识，并演示如何在计算机上安装和运行 Vagrant。在后面的几章中，我们会专注于讲解 Vagrant 的核心功能，即命令、网络、多机器、Vagrantfile 以及配合使用的配置管理工具（如 Chef、Docker 和 Ansible）。学习完本书，您将掌握 Vagrant 坚实的基础知识以及部分 DevOps 日常工作流中的必要技能。

在本章中，我们将帮助您理解什么是 Vagrant、什么是 VirtualBox，以及如何将 Vagrant 与 DevOps 生态联系起来。我们还将介绍 DevOps 生态中当前开发工具的状态，并介绍组织中的不同人员如何使用 Vagrant——而不仅是开发人员！学完本章，您将对 Vagrant、VirtualBox 和 DevOps 的基础知识有更进一步的了解。

1.1 从 Vagrant 和 DevOps 开始

在本节中，我们将介绍 Vagrant 的特性、优点，以及它在 DevOps 中作为工具使用的规范。

1.1.1 走进 Vagrant 世界

Vagrant 看起来很简单，但实际上非常复杂。它允许您快速、轻松地创建和自定义虚拟环境（Vagrant box）。Vagrant 可以轻松地与多个 provider 软件集成，例如 VirtualBox、VMware 和 Docker。这些 provider 实际用于创建虚拟环境（虚拟机），而 Vagrant 能为这些虚拟机提供可自定义的接口。

Vagrant 拥有大量命令，您可以通过命令行终端来管理虚拟环境。使用这些命令可以从 Vagrant Cloud 快速下载和配置一个虚拟环境。Vagrant Cloud 中托管了许多流行的环境，例如 Ubuntu 操作系统、PHP Laravel 运行环境。

Vagrant 是一款在许多程序员的工具箱中都能找到的重要软件。它允许每个人拥有相同环境的副本，通常被用来解决“它在我的机器上工作”这种常见的问题。

Vagrant 由米切尔·桥本（Mitchell Hashimoto）创建，并于 2010 年 3 月发布。Vagrant 相关业务现在是米切尔·桥本于 2012 年与阿蒙·达加（Armon Dadgar）共同创立的 HashiCorp 公司的一部分。Vagrant 是一个用 Ruby 语言编写的开源软件，目前使用 MIT 许可证，可以在 macOS、Windows、FreeBSD 或 Linux 上运行。

Vagrant 本质上是虚拟化相关栈中的一层。作为一个可以使用易编程接口控制虚拟环境的层，Vagrant 依赖于 VirtualBox 这样的 provider 程序来为这些环境提供支持，但它也可以配置 provider 使它们协调工作，例如 Vagrant 控制虚拟环境的内存（RAM）。

Vagrant 提供了很多特性来帮助您构建和配置虚拟环境。Vagrant 的特性可以归纳为以下一些关键字：Vagrantfile、box、网络、配置管理和插件。可以使用命令行工具和 Vagrantfile 两种主要的方式来控制 Vagrant。命令行工具一般用来执行管理员的一些任务，例如下载或导入一个新的 Vagrant box，或者删除一个已有的 Vagrant box。

1. Vagrantfile

Vagrantfile 是一种用 Ruby 语言编写的配置文件。它很容易理解，可以在修改它后执行 vagrant up 命令来快速测试结果是否符合预期。可以轻松地共享 Vagrantfile 并将其加入版本控制。它是轻量级的，包含其他用户复制其虚拟环境或者应用程序所需要的一切。

2．box

box 是类似 Vagrantfile 的一类包，常用于复制虚拟环境并能被共享。执行 vagrant box add 命令可以轻松下载它们。Vagrant Cloud 提供了一个非常易于搜索的 box 列表，其中包含大量 box 的信息，例如创建者、版本、下载次数以及简要说明等。

3．网络

Vagrant 在创建虚拟环境时支持 3 种主要的网络：端口转发、私有网络和公有网络。最简单的网络是端口转发，它允许您通过客户机操作系统访问特定的 Vagrant 机器端口。公有和私有网络更复杂，能提供更多的配置，相关内容我们将在以后的章节中介绍。

4．配置管理

Vagrant 中的配置管理为您提供了更多配置 Vagrant 机器的方法。您可以在创建机器的同时安装软件和配置。您可以使用 Shell 脚本、Docker、Chef、Ansible 和 Puppet 等其他配置管理软件来配置 Vagrant 机器。

5．插件

Vagrant 插件提供了另一种定制和扩展 Vagrant 功能的可能。它们允许您与 Vagrant 的底层进行交互，赋予 Vagrant 更多新的命令行工具。

1.1.2　Vagrant 的优点

Vagrant 允许您轻松打包可以在其他开发人员之间共享的虚拟环境。这种打包的虚拟环境通常称为 Vagrant box，用它可以配置出运行 Web 应用程序或者代码的镜像生产环境。这样可以最小化在将应用/代码部署到生产环境时出现的问题。

Vagrantfile 的优势在于，它的文件通常很小，易于编辑和测试；它的语法也很容易理解，由此提供了一种构建复杂环境的简单方法。

Vagrant 可供团队中的不同成员使用，包括开发、运维和设计人员。

1．开发人员

对开发人员来说，Vagrant 允许他们将代码或者应用程序打包成易于分享的、完全一致的开发环境。打包后的开发环境可以被使用不同操作系统的开发人员使用，如 macOS、Linux 或者 Windows 操作系统。

2．运维人员

运维人员可以使用 Vagrant 简单而快速地测试部署工具和脚本。Vagrant 支持很多流行的运维/DevOps 部署工具，如 Puppet、Docker 和 Chef。测试部署脚本和基础架构拓扑时，使用 Vagrant 是一种成本更低、更快速的选择。所有事情都可以使用 Vagrant 在本地完成，也可以使用 Vagrant 与 Amazon Web Services 等服务配合完成。

3．设计人员

Vagrant 可以让开发人员和运维人员创建运行代码的虚拟环境，为设计人员准备好应用程序，以便在他们的计算机上轻松运行此环境并对应用程序进行修改。当开发人员做了变更或者必须更新 Vagrantfile 的时候，反馈是实时的，而且无须进行额外的配置。

1.1.3　什么是 VirtualBox

VirtualBox 是 Vagrant 支持的众多 provider 之一。它是一款强大的虚拟化软件，可以让您在现有的操作系统上创建虚拟环境。它允许您完全自定义虚拟机硬件，包括 RAM、CPU、硬盘驱动器、声卡和显卡等。

VirtualBox 最初于 2007 年 1 月由 Innotek GmbH 公司发布，该公司后来被 Sun Microsystems 公司收购，后者又被 Oracle 公司收购。Oracle 公司正在积极维护和发布 VirtualBox 的新版本。

VirtualBox 是由 x86 Assembly、C++ 和 C 语言构建的。它可以运行和支持许多不同的操作系统，例如 Windows、Linux、Solaris 和 macOS。

1.1.4 什么是 DevOps

DevOps 是目前 IT 界的一个流行术语。关于 DevOps 究竟是什么，有很多不同的解释。简单来说，DevOps 是开发和运维的混合体。它本质上是一种了解运维与基础设施的“混合程序员”，或者是了解编程并可以开发应用程序的系统管理员。

DevOps 是方法论、实践、哲学和软件的混合体。DevOps 通过创建适用于所有部门的工作流来简化整个项目的生命周期。DevOps 中没有既定的规则和标准，它通常是一个通过开发和发布代码的简单方法来连接开发人员和基础架构团队的过程。

DevOps 的优点在于任何公司都可以遵循自己的想法、方法和实践来开展。大公司可能拥有一个完整的 DevOps 部门或团队；较小的公司可能只需要一个或两个专门的 DevOps 员工；而初创公司必须仔细做好预算，一名员工可以同时担任开发人员和 DevOps 的角色。

1.2 DevOps 中的 Vagrant

在本节中，您将了解 Vagrant 在 DevOps 中的当前开发状态、Vagrant 如何适应 DevOps，以及如何将 Vagrant 用作日常 DevOps 工具。学习完本节，您将更好地理解 Vagrant 是如何作为 DevOps 过程的一部分用于开发的。

1.2.1 Vagrant 在 DevOps 中的开发状态

正如前面所述，DevOps 是软件开发、运维，系统管理、测试，以及质量保障的混合体。DevOps 不是一个新生事物，但是它并不一定有一个“领导者”或者一套规则和标准可以遵循。每家公司都对 DevOps 是什么，以及如何实施 DevOps 有自己的想法。由于 DevOps 缺乏治理，大多数人遵循非常类似的路径或粗略的准则，因此目前的发展状况参差不齐。

传统的工作流中，开发人员始终与运维和服务人员是分开的，但是在过去几年中，我们已经看到许多 DevOps 工具弥补了这一缺陷，这使双方的工作和生活更加轻松。

在过去，当 Web 开发人员构建 Web 应用程序时，他们会先写代码，在本地构建机器，然后将文件通过 FTP 传输到实时（生产）环境的服务器上，让代码运行起来。如果有任何问题或者 Bug 产生，开发人员必须对服务器环境进行变更并调试代码。有许多开发人员仍在使用此工作流，这可能是因为他们的环境使他们在此问题上别无选择。

今天，现代 Web 开发人员的工作流可能如下所示。

① 开发人员在本地编写代码，但是是通过虚拟环境或机器使用 Vagrant 等工具来编写的。这允许开发人员直接设置与实际生产相同的环境。

② 开发人员编辑其代码并使用版本控制（如 Git 或 Subversion）来管理代码的更改。版本控制的设置方式允许开发人员将测试或新的代码与生产环境使用的代码分开。

③ **持续集成（Continuous Integration，CI）**工具（例如 Jenkins 或 Travis CI）用于创建通常具有 3 个独立阶段（开发、预发布和生产）的管道。CI 工具可以用来对软件的运行进行测试，还可以运行脚本，例如通过命令组合和压缩准备物料。版本管理软件可以和 CI 工具联动，一般是通过前者触发构建和测试。当开发人员推送了新的代码到预发布环境，测试会在代码发布到生产环境之前先运行一遍。

④ 通常情况下，如果测试没有问题，代码会被直接推送到版本管理仓库的生产分支。这时，CI 工具可能会触发一个新的构建，这将触发和代码有关的服务更新与重启。这步可能很简单，也可能很复杂，具体取决于生产环境的软件架构。

⑤ 在这个过程中的某个阶段，质量保证/测试（Quality Assurance/Testing，QA）团队或者希望在代码投入生产之前审查代码的高级开发人员可能会进行人工干预。

当然，这只是一个工作流示例，在不同的公司和开发人员之间会有差异。现代的工作流可能看起来更复杂和乏味，但这是一个很好的衡量指标。您会注意到，在每个阶段，在真实用户与在线的生产环境代码进行交互之前，总是有很多的检查和测试。在开发财务或者其他与关键业务相关的软件时，这一点尤为重要。这种现代化的工作流大大减少了错误出现的概率。

DevOps 的现代化发展专注于速度和自动化。专注于速度让快速构建特性或者修复 Bug，以及“将代码推送到生产”（您可能听过这句话）成为一种能力。这意味着单个开发人员或者单个团队的开发人员遇到的障碍更少，开发人员不用担心如何配置服务器和环境。

自动化是 DevOps 的重要组成部分，它也会影响开发的部分。您可以想象一下，如果一个开发人员改动了代码，然后必须等待运维团队的成员针对改动手动执行测试脚本后才能知道结果，那么流程会有多慢。

1.2.2 Vagrant 如何适应 DevOps

Vagrant 是当今以 DevOps 为中心的开发人员工具箱中的关键工具之一。Vagrant 本质上是一套工具，它允许开发人员创建配置模板代码，或者使用配置管理工具，例如 Puppet、Chef 和 Ansible 来自动化服务器上的工作流和环境。

Vagrant 主要关注开发，它为团队中的每个开发人员提供了一种简单的方法来使用相同的环境。在 Vagrant 环境中，您可以运行与 CI 工作流紧密联系的版本控制，这允许您运行测试并将代码转移到不同的阶段。

1.2.3 将 Vagrant 用作日常 DevOps 工具

Vagrant 是一款灵活的工具，它允许您轻松测试 DevOps 工作流中的想法，这增强了日常开发各个阶段的能力。它允许您分离软件代码和基础架构，而不必对 DevOps、基础架构、服务器和配置管理工具有太多的了解。

作为一款日常 DevOps 工具，Vagrant 可以被用来做许多事情，包括如下内容。

- 在不同的环境和操作系统中测试软件代码。
- 测试使用不同配置管理工具（例如 Chef 和 Puppet）时的工作流。

- 与团队、公司中的其他开发人员在相同的配置环境中工作。
- 轻松修改 Vagrant 并可以立即查看结果。
- 运行多个环境，通过虚拟环境来测试网络、文件共享以及其他多服务器的用例。

1.3　总结

在本章中，我们介绍了 Vagrant 这款非常强大且灵活的工具，它可以帮助您创建可模拟业务、应用的预发布和开发环境的虚拟环境。我们探讨了 DevOps 当前的发展状况、Vagrant 是如何适应这种状况的，以及如何使用 Vagrant 作为日常开发工具。

在第 2 章中，我们将安装 Vagrant 及其依赖的 provider——VirtualBox。我们将讲解如何在 Windows、macOS 和 Linux 中安装这些软件。您还将学习如何查看系统版本及其 CPU 架构。

第 2 章 安装 VirtualBox 和 Vagrant

VirtualBox 是一个非常重要的软件，我们称之为 provider。它的工作主要是创建、维护虚拟机和环境。Vagrant 本质上是 provider（在本书中是 VirtualBox）的封装器，它提供了功能强大的 API，允许您通过代码和配置创建和管理虚拟机，例如使用 Vagrantfile 配置文件。

一旦安装好 VirtualBox，我们就将很少与之直接交互，它将在后台等待来自 Vagrant 的管理虚拟机的命令。

本章我们将开始上手 Vagrant。我们将讲解以下内容。

- 确认操作系统的版本。
- 确认计算机的 CPU 架构。
- 在 Windows、Linux 或者 macOS 中安装 VirtualBox。
- 在 Windows、Linux 或者 macOS 中安装 Vagrant。
- 通过终端命令行执行 Vagrant 命令查看所安装软件的版本。

学习完本章，您将拥有一个正常工作的 Vagrant 和 VirtualBox，随时可以开始创建虚拟环境。

2.1　在 Windows 中安装 VirtualBox 和 Vagrant

在本节中，您将学习如何在 Windows 环境中安装 VirtualBox 和 Vagrant、如何查看 CPU 架构，以及当前运行的 Windows 版本。我们将使用 Windows 10 的 64 位企业版及其配置来进行安装。

2.1.1　准备工作

在安装 VirtualBox 和 Vagrant 之前，我们需要查看一下操作系统的基本信息。这将帮助您决定要下载哪一种软件包。

1. 操作系统版本

在选择要下载的软件包安装程序前，应该先确认正在运行的 Windows 版本，因为每个版本的 Windows 操作系统的软件包都不同，这里我们将介绍如何使用 Windows 10 执行此操作。

有两种方法可以做到这一点。第一种方法快速且简单，是在 Windows 中使用命令提示符。

① 按住 Windows 键，然后按 R 键（或者右击开始图标后选择运行命令）。

② 在打开的运行对话框中输入 `winver`。

③ 按 Enter 键，您会看到一个叫作 **About Windows**（**关于“Windows”**）的对话框弹出，它包含您操作系统的所有信息。

第二种方法相对复杂，但可以通过更直观的 Windows 图形用户界面实现。

① 进入 Windows 设置窗口，然后单击系统选项中的 **About**（**关于**）**按钮**。

② 您也可以通过单击任务栏中的齿轮按钮，或右击开始图标后在搜索栏中输入

`settings` 来访问系统设置。

③ 在 **About** 界面中，您将看到标题为 **Windows specifications（Windows 规格）**的部分。

④ 在此部分，我们需要关注的是版本的值。

⑤ 本书使用的操作系统是 **Windows 10 Enterprise Evaluation（Windows 10 企业评估版）**。

2. CPU 架构

一个系统的 CPU 架构一般是 32 位或者 64 位的。下载 VirtualBox 或 Vagrant 软件的安装程序时，您必须先确定所需的版本。

要找到 Windows 10 的 CPU 架构，可通过以下步骤。

① 进入 Windows 设置窗口，单击系统中的 **About** 按钮。

② 您可以通过单击任务栏中的齿轮按钮，或右击开始图标后在搜索栏中输入 `settings` 来访问系统设置。

③ 在 **About** 界面中，您将看到标题为 **Device specifications（设备规格）**的部分。

④ 在此部分，我们需要关注的是 **System type（系统类型）**的值。

⑤ 这个值表明为 64 位操作系统，基于 x64 的处理器。

2.1.2 在 Windows 10 中安装 VirtualBox

如果您安装的是 Vagrant 1.8 或更高版本，它会自动将 VirtualBox 安装到您的系统上，这样您就可以跳过本节并转到 2.1.3 节。如果有任何问题，请随时回到本节并尝试手动安装 VirtualBox。

在安装 Vagrant 之前，应该先安装它的 provider：VirtualBox。您需要访问 VirtualBox

官方网站，最好使用系统自带的浏览器去访问，例如 Internet Explorer。

请根据以下步骤安装。

① 单击左侧菜单中的 **Downloads**（**下载**）链接，在撰写本书时，版本是 5.2.10。

② 接下来，您会看到 4 种平台的安装包下载链接。

③ 单击 **Windows hosts**（**Windows 主机**）选项，系统将提示您选择一个版本，例如 x86（32 位 CPU）或 AMD64（64 位 CPU）。如果是这种情况，请参考 **About (CPU Architecture)**［**关于**（**CPU 架构**）］的信息下载对应的安装包。

④ 单击安装包，您的浏览器会自动开始下载。在下载完成之后单击 **Run**（**运行**）按钮安装。安装程序启动后，您将会看到欢迎界面。

⑤ 单击 **Next**（**下一步**）按钮继续。

⑥ 为简单起见，我们使用默认配置。如果需要，也可以在这一步修改配置。这和更改安装位置一样简单。准备完毕后，单击 **Next** 按钮继续。

⑦ 您会看到另一个带有自定义选项的界面。为简单起见，我们勾选所有选项。

⑧ 单击 **Next** 按钮。

在此阶段，您将会看到一个很醒目的警告信息。不要惊慌，这是安装的正常步骤。安装程序需要暂时禁用并重新启动计算机上的网络服务，这将影响当前正在进行的任何需要连接互联网的任务，例如下载或流媒体。

⑨ 单击 **Yes**（**是**）按钮进入新的界面。

⑩ 如果想要更改在安装 VirtualBox 软件时选定的配置，这是最后的机会。如果您觉得没问题，请单击 **Install**（**安装**）按钮继续。

⑪ 根据您的用户访问控制安全设置，系统会要求您确认安装。单击 **Yes** 按钮允

许并继续。

⑫ 安装任务开始。如果您因为任何原因需要取消安装，只需要单击 **Cancel（取消）**按钮。

⑬ 建议您保持 **Start Oracle VM VirtualBox 5.2.10 after installation（安装后运行 Oracle VM VirtualBox 5.2.10）**选项的勾选状态，因为这样可以让您看到 VirtualBox 软件的启动过程。单击 **Finish（完成）**按钮。

⑭ 您会在桌面上看到 **Oracle VM VirtualBox** 的快捷方式图标（如果您在安装阶段勾选了创建桌面快捷方式的选项）。您可以双击该图标打开 VirtualBox，也可以在搜索栏输入 `virtualbox` 并单击搜索结果来打开它。

完成后，您将看到与默认安装配置相关的界面。恭喜您完成这些步骤。现在我们将继续安装 Vagrant 以完成本章内容。

2.1.3　在 Windows 10 中安装 Vagrant

现在请根据以下步骤安装 Vagrant。

① 访问 Vagrant 官方网站，最好使用系统自带的浏览器。

② 单击 **Download 2.0.4** 按钮或者顶部导航菜单的 **Download** 按钮。您可以看到下载页面。

③ 我们需要关注的是 Windows 部分，选项包括 32 位和 64 位，您可以根据需要从中选择。因为我的操作系统是 64 位的，所以我选择 64 位选项。

④ 单击 **Run** 按钮，软件包下载完成后将会自动开始安装。

当下载完成，安装程序启动。您将看到安装程序的欢迎界面。

⑤ 单击 **Next** 按钮。

⑥ 阅读条款和条件，如果满意且同意，请勾选同意选项。然后单击 **Next** 按钮继续。

⑦ 如果需要，您可以更改安装目录。如果没问题，单击 **Next** 按钮打开新的页面。

⑧ 您可以在本页对选项进行任何更改，否则单击 **Install** 按钮。

⑨ Windows UAC 将会询问您是否允许安装程序继续，单击 **Yes** 按钮。

⑩ Vagrant 开始安装。如果您需要取消安装，请单击 **Cancel** 按钮。

⑪ 在 Vagrant 安装成功之后，单击 **Finish** 按钮关闭安装程序。

⑫ 必须重新启动系统才能使 Vagrant 完全安装。

⑬ 单击 **Yes** 按钮重启系统。这项操作将影响您当前系统上的工作，因此务必先确保所有任务已经保存。

⑭ 要验证 Vagrant 是否已安装并且正在运行，我们需要使用命令提示符。为此，请右击开始图标后在搜索栏中输入 `cmd`，打开命令提示符窗口。

⑮ 输入命令 `vagrant -v` 并按 Enter 键。您可以看到类似图 2.1 所示的输出信息。我的 Vagrant 版本是 2.0.4。

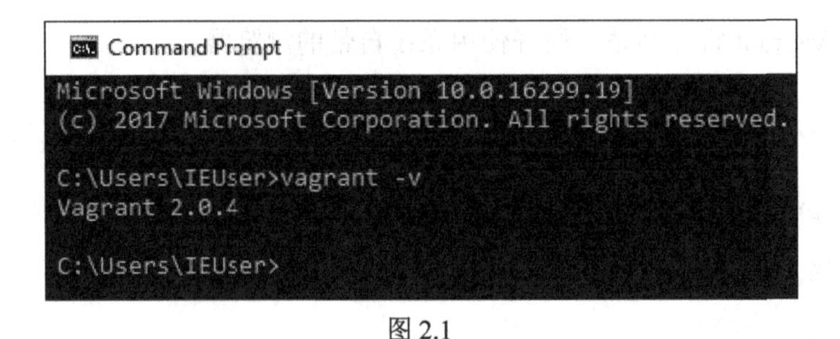

图 2.1

2.2　在 Linux 中安装 VirtualBox 和 Vagrant

在本节，您将学习如何在 Linux 中安装 VirtualBox 和 Vagrant，以及如何识别 Linux 操作系统的版本和 CPU 架构。我们将使用 Ubuntu 16.04（64 位）作为示例系统。

2.2.1 准备工作

在安装 VirtualBox 和 Vagrant 之前，我们需要先了解系统的基本信息。这些信息可以帮您选择要下载的安装包。

1. 操作系统版本

一种简单且快捷地查看 Ubuntu 系统信息的方法是，进入终端执行 `cat/etc/*-release` 命令。

在输出信息中有以下一些内容需要我们关注：`DISTRIB_DESCRIPTION`、`VERSION` 和 `VERSION_ID`。我的 Ubuntu 版本是 16.04。

2. CPU 架构

操作系统的 CPU 架构通常是 32 位或者 64 位的，这一点必须在下载 VirtualBox 或者 Vagrant 的安装包之前确定。

一种简单而且快速的查看 Ubuntu 操作系统 CPU 架构的方法是，进入终端后执行 `uname -mrs` 命令。

在输出内容中，我们需要的信息在最后。我的输出信息是 x86_64。这表明我的系统是 64 位的 CPU 架构。如果您的系统是 32 位的，则会看到 i686 或 i386。

2.2.2 在 Ubuntu 16.04 中安装 VirtualBox

在安装 Vagrant 之前，最好先安装它的 provider:VirtualBox。

① 访问 VirtualBox 官方网站，最好使用系统自带的浏览器。

② 单击左侧导航菜单中的 **Downloads** 链接。

③ 您还是可以看到 4 种平台的安装包下载链接。单击 **Linux distributions（Linux 发行版）** 选项。

④ 选择一个版本，例如 x86（32 位）或者 AMD64（64 位）。根据之前查到的信息下载相应的包。我选择 Ubuntu 16.04 AMD64 版本来匹配我的系统。单击链接，下载会自动开始。系统可能会询问您是打开还是保存文件。

⑤ 我选择了 **Open with Software Install (default)**选项，在下载完成后自动开始安装程序，然后单击 **OK** 按钮。

Ubuntu 安装程序应该已经打开，单击 **Install** 选项开始软件安装程序。根据系统的安全设置，您可能会被要求输入密码。如果是，则输入密码并单击 **Authenticate**（**验证**）按钮继续。我们现在检查一下安装情况。

⑥ 如果安装过程中没有错误信息，那么 VirtualBox 已经安装到您的系统中了。如果要确认是否安装成功，可以使用 Ubuntu 搜索功能输入 `virtualbox`。

⑦ 您可以在 **Applications**（**应用程序**）中看到它。

⑧ 当打开 VirtualBox 时，您会看到一个欢迎界面，这是安装程序的默认界面。

⑨ 如果您在系统上寻找 VirtualBox 时遇到麻烦，也可以直接在 Ubuntu 的终端执行 `virtualbox` 命令。如果安装成功，它会自动打开。

完成后，您将看到与默认安装配置相关的界面。恭喜您完成这些步骤。我们现在将继续安装 Vagrant。

2.2.3　在 Ubuntu 16.04 操作系统中安装 Vagrant

现在开始安装 Vagrant。

① 访问 Vagrant 官方网站，最好使用系统自带的浏览器。

② 单击 **Download 2.0.4** 按钮或者顶部导航菜单的 **Download** 按钮，您可以看到下载页面。

③ 由于我使用的是基于 Debian 的 Ubuntu，因此将专注于该软件包。根据之前的信

息，这里应选择 64 位的下载选项。

④ 当单击链接时，系统会提示您下载该软件。我选择了 **Open with Software Install (default)**选项，这样在软件下载完成后会自动启动安装程序。

⑤ 单击 **Install** 按钮。

⑥ 您可能会被要求输入密码，输入密码后单击 **Authenticate** 按钮。

⑦ Vagrant 安装完毕后，您会注意到安装按钮已经变成了移除按钮。如果您希望删除 Vagrant，可以使用这个按钮。

您也可以在 Ubuntu 终端执行 `vagrant -v` 命令。如果 Vagrant 安装成功，您会看到一些输出信息。我的版本是 Vagrant 2.0.4，如图 2.2 所示。

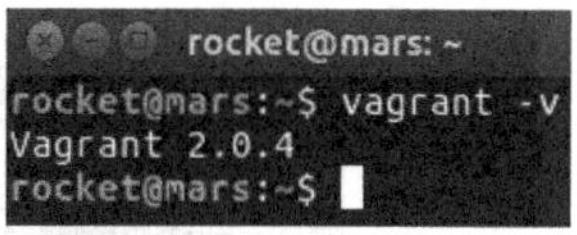

图 2.2

2.3　在 macOS 中安装 VirtualBox 和 Vagrant

在本节中，您将学习如何在 macOS 中安装 VirtualBox 和 Vagrant、如何查看 CPU 架构和操作系统版本。我们将会使用 macOS High Sierra 10.13.3（64 位）作为示例系统。

2.3.1　准备工作

在安装 VirtualBox 和 Vagrant 之前，我们需要先了解系统的基本信息。这些信息可以帮您选择要下载的安装包。

1. 操作系统版本

查看您运行的 macOS 的版本可以帮助您选择需要下载的安装包。

一种简单且快速地查看 macOS 信息的方法是，进入终端执行 `sw_vers` 命令，如图 2.3 所示。

有两个值我们需要关注：`ProductName` 的值是 `Mac OS X`；`ProductVersion` 的值是 `10.13.3`。

2. CPU 架构

同样，在下载 VirtualBox 或者 Vagrant 的安装程序包之前，您必须确定系统的 CPU 架构是 32 位还是 64 位。

我们可以执行 `sysctl hw.cpu64bit_capable` 命令，以获知系统能否运行 64 位的软件。由图 2.4 可知，它的值是 1。

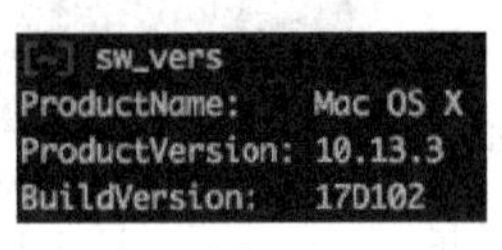

图 2.3

图 2.4

这意味着 macOS 是 64 位架构。如果您的值返回为空或为 0，那么您系统的 CPU 架构为 32 位。

2.3.2　在 macOS 10.11.3 中安装 VirtualBox

如果您安装的是 Vagrant 1.8 或更高版本，它会自动将 VirtualBox 安装到您的系统上，这样您就可以跳过本节并转到 2.3.3 节。如果您有任何问题，请随时回到本节并尝试手动安装 VirtualBox。

在安装 Vagrant 之前，最好先安装它的 provider:VirtualBox。

① 访问 VirtualBox 官方网站，最好使用系统自带的浏览器。

② 单击左侧导航菜单中的 **Downloads** 链接。

③ 加载官网的下载页面。本书将会使用 VirtualBox 的 5.2.10 版本。如果您看到 **OS X hosts** 链接，请单击它，软件包会开始自动下载到您的系统。

④ 下载完成后，双击`.dmg` 文件运行 VirtualBox 安装程序，您的 macOS 将打开并验

证这个安装程序。您将会看到一个带有几个不同选项的临时界面，双击打开 `VirtualBox.pkg` 文件。

⑤ VirtualBox 安装程序将会开始运行，单击 **Continue（继续）** 按钮。

⑥ 系统验证您是否可以安装此 VirtualBox 软件，单击 **Continue** 按钮继续安装。

⑦ 在新的界面中，您可以选择更改安装位置。您可以按照意愿执行此操作，但为了简单和一致，我们将其保留为默认位置。如果您想要继续，请单击 **Install** 按钮。

⑧ 系统可能会要求您登录以允许安装程序继续。请输入您的用户名（可能已经填写）和系统密码，然后单击 **Install Software（安装软件）** 按钮。

⑨ 安装程序将安装所需的文件和配置。如果在安装过程中没有出现问题，您会看到 `The ivag`。

⑩ 要验证并运行 VirtualBox，您可以在应用程序文件夹中找到它，也可能在桌面上。打开安装程序时，您会看到 VirtualBox 的欢迎界面。

恭喜您！您已经成功地在 macOS 中安装了 VirtualBox。

2.3.3　在 macOS 10.13.3 中安装 Vagrant

现在开始安装 Vagrant。

① 访问 Vagrant 官网，最好使用系统自带的浏览器。

② 单击 **Download 2.0.4** 按钮或者右上方导航菜单中的 **Download** 按钮，加载 Vagrant 的下载页面。

③ 当前版本的 Vagrant 只支持 64 位的 macOS，我们就使用它。单击 **Download** 按钮开始下载。

④ 下载完成后，双击 `.dmg` 文件运行 Vagrant 安装程序，macOS 将弹出新的界面并

验证它。

⑤ 验证完成后，您将看到一个临时的启动画面，双击 vagrant.pkg 文件以运行安装程序。

⑥ 您会看到安装程序的 Introduction 界面，单击 **Continue** 按钮开始安装。

⑦ 您可以选择更改该 Vagrant 的安装位置。根据需要执行此操作，但为了简单和一致，我建议将其保留为默认。如果您想要继续，请单击 **Install** 按钮。

⑧ 系统可能会要求您登录以允许安装程序继续。请输入您的用户名（可能已填写）和系统密码，单击 **Install Software** 按钮。

⑨ 安装开始。如果安装成功，您会看到 The installation was successful 的界面。

您现在可以单击 **Close**（**关闭**）按钮关闭安装程序。Vagrant 没有图形用户界面，因此我们可以通过执行 vagrant -v 命令来验证是否成功安装，该命令会输出我们正在运行的 Vagrant 版本，如图 2.5 所示。

```
[[~] vagrant -v
Vagrant 2.0.4
[~]
```

图 2.5

从终端输出信息中可以看出，macOS 正在运行 Vagrant 2.0.4 版本。恭喜！您已经成功将 Vagrant 安装到 macOS 了。

2.4　总结

在本章中，我们讲解了如何将 Vagrant 及其 provider、VirtualBox 安装到 Windows、macOS 和 Linux 操作系统中。您现在拥有了使用 Vagrant 和创建虚拟环境的基本环境。

在第 3 章中，我们将讲解 Vagrant 命令和子命令。这些强大的命令为我们提供了 Vagrant 的完整功能集——从基本功能（例如返回 Vagrant 的软件版本）到管理 box（例如如何从 Vagrant Cloud 导入并安装它们）。

第3章 命令行界面——Vagrant 命令

在本章中，我们将讲解如何通过各种命令和子命令来控制 Vagrant。由于 Vagrant 没有图形用户界面，因此我们将通过终端或命令提示符的方式执行命令。学习完本章，您将掌握 Vagrant 命令及其用法的基础知识。本章将介绍以下内容。

- Vagrant 命令、子命令以及标志。
- 命令的格式。
- 常规 Vagrant 命令和子命令。
- Vagrant 的配置命令和子命令。
- 日常使用的 Vagrant 命令和子命令。
- 特定应用程序的 Vagrant 命令和子命令。
- 故障排除。

3.1 Vagrant 命令概述

Vagrant 是一款命令行工具，默认情况下没有图形用户界面，但是可以找到一些第三方的图形用户界面。Vagrant 提供了包含超过 25 个命令和子命令的简单且强大的集合。

要开始使用 Vagrant 命令，请打开命令提示符窗口或终端并执行 `vagrant --help` 命令。您会看到一个常用命令列表，包括 `box`、`destroy` 和 `status` 等。

要查看可用的或不常用的命令列表，请执行 `vagrant list-commands` 命令。现在您将看到一个更详细的命令列表，其中包含每个命令的简要说明。

要获取有关特定命令的更多信息并查看其子命令，请在命令末尾添加 `--help` 标志。例如 `vagrant box --help`，它将返回图 3.1 所示的内容。

```
[[~] vagrant box --help
Usage: vagrant box <subcommand> [<args>]

Available subcommands:
     add
     list
     outdated
     prune
     remove
     repackage
     update
```

图 3.1

当命令具有可用的子命令时，您还可以将 `--help` 标志添加到对应子命令后面，以了解更多信息。在当前情况下，我们使用的命令是 `vagrant box add --help`，它会返回图 3.2 所示的内容。

```
[[~] vagrant box add --help
Usage: vagrant box add [options] <name, url, or path>

Options:

    -c, --clean                      Clean any temporary download files
    -f, --force                      Overwrite an existing box if it exists
        --insecure                   Do not validate SSL certificates
        --cacert FILE                CA certificate for SSL download
        --capath DIR                 CA certificate directory for SSL download
        --cert FILE                  A client SSL cert, if needed
        --location-trusted           Trust 'Location' header from HTTP redirects
 and use the same credentials for subsequent urls as for the initial one
        --provider PROVIDER          Provider the box should satisfy
        --box-version VERSION        Constrain version of the added box

The box descriptor can be the name of a box on HashiCorp's Vagrant Cloud,
or a URL, or a local .box file, or a local .json file containing
the catalog metadata.

The options below only apply if you're adding a box file directly,
and not using a Vagrant server or a box structured like 'user/box':

        --checksum CHECKSUM          Checksum for the box
        --checksum-type TYPE         Checksum type (md5, sha1, sha256)
        --name BOX                   Name of the box
    -h, --help                       Print this help
```

图 3.2

您在图中可以看到很多关于此子命令的信息。Vagrant 有非常好的文档生态，任何通过命令行或终端找不到的信息，都可以在 Vagrant 官网找到。

3.2 深入了解 Vagrant 命令

在本节中，您将了解所有可用的 Vagrant 命令和子命令。我们将探索常见的命令以及每个命令的作用，查看有关命令可能出现的错误及其解决方法。

我们将命令和子命令分为以下 4 类。

- 常规的。
- 配置类的。
- 常用的。
- 特定应用的。

学习完本节，您将了解哪些命令和子命令在哪些情况下可用、它们的作用是什么，以及如何在日常工作中使用它们。

3.2.1 关于命令格式的简要说明

在本节中，我们将使用某些关键字作为占位符。典型的占位符是`[INSERT VALUE]`，例如 `vagrant login --user [INSERT VALUE]`，其中`[INSERT VALUE]`可以换成诸如 `myusername` 等内容，则最终命令是 `vagrant login --user myusername`。注意，这里不需要大写字母和方括号。

`[VMNAME]`占位符表示您要在系统上执行命令的特定 Vagrant 机器。默认的 Vagrant 机器被称为 `default`，因此示例命令将是 `vagrant resume default`，它将使机器从被挂起状态恢复。

3.2.2　常规 Vagrant 命令和子命令

Vagrant 中的常规命令与子命令并不是一个特定类别，它们可能只被使用一次或用于特定目的。

1. list-commonds 命令

使用 `list-commands` 命令将列出 `vagrant` 主命令范围内的所有可用命令。它将按字母顺序列出每个命令并给出简要说明。

这个命令只有一个标志——`-h/--help`，使用该标志将打印此命令的帮助信息到屏幕上。

例如 `vagrant list-commands --help` 命令。

2. help 命令

使用 `help` 命令将显示命令的正确语法，并列出一些流行的 Vagrant 命令。

3. version 命令

使用 `version` 命令将返回当前安装在您系统中的 Vagrant 版本、可在线获取的最新版本，并提供一个网站 URL 链接到 Vagrant 官网的下载页面。

这个命令只有一个标志——`-h/--help`，使用该标志将打印此命令的帮助信息到屏幕上。

例如 `vagrant version --help` 命令。

4. global-status 命令

使用 `global-status` 命令将返回与当前用户关联的所有 Vagrant 环境的信息。它将返回 Vagrant 的环境 ID、名称、provider、状态和目录。此命令可用于总览使用 Vagrant 环境系统的具体信息。

这个命令有两个标志。

- -h/--help：打印命令的帮助信息到屏幕上。
- --prune：修剪任何无效的条目。

例如 vagrant global-status --help 命令。

3.2.3 Vagrant 的配置命令和子命令

在本节中，我们将介绍 Vagrant 的配置命令和子命令。这些命令通常用于配置 Vagrant，例如安装一个包或保存环境快照。

1. login 命令

login 命令用于登录您的 Vagrant Cloud 账户。登录 Vagrant Cloud 将允许您访问和下载受保护的 box 并使用 Vagrant Share 服务，该服务允许您与任何人共享您的 Vagrant 环境。

这个命令有 6 个标志。

- -c/--check：检查您是否已登录。
- -d/--description [INSERT VALUE]：使用参数来设置令牌。
- -k/--logout：如果您已经登录，那么执行此命令将退出。
- -t/--token [INSERT VALUE]：使用参数来设置 Vagrant Cloud 令牌。
- -u/--username [INSERT VALUE]：使用参数指定 Vagrant Cloud 电子邮件或用户名。
- -h/--help：打印命令的帮助信息到屏幕上。

例如 vagrant login --check 命令。

2. package 命令

package 命令允许您从正在运行的 Vagrant 环境中创建 Vagrant box。

这个命令有 5 个标志。

- --base [INSERT VALUE]：将 VirtualBox 中的虚拟机名称作为参数来打包基础 box。
- --output [INSERT VALUE]：使用参数来命名输出文件。
- --include [INSERT VALUE, INSERT VALUE]：使用逗号分隔的参数在打包过程中包含其他文件。
- --vagrantfile [INSERT VALUE]：使用您希望打包成 box 的 Vagrantfile 文件名作为参数。
- -h/--help：打印命令的帮助信息到屏幕上。

例如 vagrant package --help 命令。

3. snapshot 命令

snapshot 命令允许您管理 Vagrant 环境的快照，您可以保存、删除和还原快照。只有某些 provider 程序支持快照功能，如果您的 provider 程序不支持，则 Vagrant 会在执行此命令时输出警告。

这个命令有 6 条可用的子命令。

- vagrant snapshot delete [INSERT VALUE][INSERT VALUE]：第一个参数是虚拟机的名字，第二个参数是您希望删除的快照名。
- vagrant snapshot list [INSERT VALUE]：该子命令的参数为可选项，使用该子命令可以列出系统上的所有可用快照，也可以使用 Vagrant 机器名作为参数列出其所有快照。
- vagrant snapshot push：可用于创建当前正在运行的 Vagrant 环境的新快照，并将其添加到快照堆栈中。

- vagrant snapshot pop：与 push 子命令作用相反，可以撤回已推送的快照。
- vagrant snapshot save [INSERT VALUE][INSERT VALUE]：保存当前计算机的快照，第一个参数是虚拟机名，第二个参数是快照名。它与 push 子命令类似，但建议您不要将此子命令与 push 或 pop 子命令混用，因为它不安全。
- vagrant snapshot restore [INSERT VALUE][INSERT VALUE]：恢复一个可用的快照，第一个参数是虚拟机名，第二个参数是要还原的快照名。

4. provider 命令

provider 命令用于返回当前正在运行的机器的 provider 程序，它也可以接收一个环境 ID 参数。

这个命令有 3 个标志。

- --install：尝试安装 provider 程序。
- --usable：检查 provider 程序是否可用。
- -h/--help：打印命令的帮助信息到屏幕上。

例如 vagrant provider --install 命令。

5. plugin 命令

plugin 命令允许您管理 Vagrant 插件。您可以安装、查看、修复、卸载和更新插件。

plugin 命令有 7 个可用的子命令。

- vagrant plugin expunge：删除所有用户安装的插件，并将删除与插件相关的任何数据和依赖项。如果您希望一次性删除它们，这是一个很有用的命令。
- vagrant plugin install [INSERT VALUE]：将插件的名字作为参数来安装插件。您可以从已知的.gem 文件或系统上的本地.gem 文件中安装插件。

- vagrant plugin license [INSERT VALUE] [INSERT VALUE]：安装专有的 Vagrant 插件许可证，第一个参数是插件名称，第二个参数是许可证文件。
- vagrant plugin list：列出系统上所有已安装的插件。它将列出插件信息，例如版本。此子命令对于查找已安装的插件和版本非常有用。
- vagrant plugin repair：尝试修复任何出现问题无法正常工作的插件。问题可能出在安装自定义插件或使用错误的 plugins.json 文件时。
- vagrant plugin uninstall [INSERT VALUE]：以第一个参数对应的插件名删除插件。此子命令支持多个参数，每个参数都是一个插件名。您可以使用此命令删除一个或多个插件。
- vagrant plugin update [INSERT VALUE]：以第一个参数对应的插件名更新插件。如果未提供参数，则此子命令将更新所有已安装的插件。

6. cap 命令

cap 命令允许您执行或检查客户机的功能。这些功能通常特定于客户机，并且需要进行专门的配置，例如在 Vagrant 插件开发时进行配置。

这个命令有两个标志。

- --check [INSERT VALUE] [INSERT VALUE]：检查某项功能，第一个参数是功能的名称，第二个参数是功能的参数。此标志不会运行该功能，而只是检查该功能。
- -h/--help：打印命令的帮助信息到屏幕上。

例如 vagrant cap --help 命令。

3.2.4　日常使用的 Vagrant 命令和子命令

有一些 Vagrant 命令和子命令是您会经常使用的，这些命令通常用于管理 box，例如创建、启动和停止它们。

1. box 命令

box 命令允许您管理系统上的 box，您可以安装、更新、删除和修改 box。

box 命令有 7 个子命令。

- vagrant box add [INSERT VALUE]：在您的系统中添加并下载 Vagrant box。然后可以在 Vagrantfile 中使用此 box 来创建 Vagrant 机器。
- vagrant box list：列出系统上所有已安装的 box。
- vagrant box outdated：检查当前 Vagrant box 是否过期。您可以添加 --global 标志来检查所有已安装的 Vagrant box。
- vagrant box prune：删除已安装的旧版本 box。如果您当前正在使用要删除的旧版本的 box，它会要求您确认。
- vagrant box remove [INSERT VALUE]：通过第一个参数提供的名称来删除 Vagrant box。
- vagrant box repackage [INSERT VALUE] [INSERT VALUE] [INSERT VALUE]：使用 Vagrant box 名作为第一个参数，provider 名作为第二个参数，版本作为第三个参数，可以将 Vagrant box 重新打包到 .box 文件中。您可以通过 vagrant box list 命令获取这些参数的值，然后分享某个 box。
- vagrant box update：检查并更新您当前正在使用的 box。您可以使用 --box [INSERT VALUE]标志，将需要更新的 box 名作为第一个参数。

2. destroy 命令

使用 destroy 命令可以停止并删除一个 Vagrant 机器。

这个命令有 3 个标志。

- -f/--force：在不要求您确认的情况下销毁 Vagrant 机器。
- --parallel/--no-parallel：仅在 provider 支持的情况下启用或禁止并行行为。我们在本书中使用 VirtualBox 作为 provider 程序，在编写本书时它还不支持并行执行。运行此标志将启用 force 标志。
- -h/--help：打印命令的帮助信息到屏幕上。

例如 vagrant destroy --force 命令。

3. halt 命令

使用 halt 命令可以停止或暂停正在运行的 Vagrant 机器。

这个命令有两个标志。

- --force [INSERT VALUE]：强制关闭正在运行的机器。如果您的机器没有保存，执行此命令可能丢失数据，就像直接关闭计算机电源一样。您可以使用可选参数通过指定计算机名或 ID 来指定机器。
- -h/--help：打印命令的帮助信息到屏幕上。

例如 vagrant halt --force 命令。

4. init 命令

使用 init 命令会生成一个新 Vagrantfile，它可以用来配置一个新的 Vagrant 环境。

这个命令有 6 个标志。

- --box-version [INSERT VALUE]：将第一个参数内容作为 box 版本添加到 Vagrantfile 中。
- -f/--force：如果当前目录已经存在一个 Vagrantfile，则覆盖它。
- -m/--minimal：生成一个最简单的 Vagrantfile，它会删除所有不需要的内容，例如注释。

- `--output [INSERT VALUE]`：使用第一个参数指定 Vagrantfile 的输出路径。
- `--template [INSERT VALUE]`：当使用 Vagrantfile 路径作为第一个参数时，则使用该 Vagrantfile 作为自定义模板。
- `-h/--help`：打印命令的帮助信息到屏幕上。

例如 `vagrant init --force` 命令。

5. port 命令

使用 `port` 命令可以返回从客户机到 Vagrant 环境的端口映射。

这个命令有 3 个标志。

- `--guest [INSERT VALUE]`：当提供的第一个参数是客户机上的可用端口时，将输出特定的端口信息。带有此标志的命令会返回主机映射的端口，对某些网络层调试或者测试非常有用。
- `--machine-readable`：返回和展示更多的可读机器输出信息。
- `-h/--help`：打印命令的帮助信息到屏幕上。

例如 `vagrant port --machine-readable` 命令。

6. provision 命令

使用 `provision` 命令将从可用的 Vagrantfile 中产生 Vagrant 机器。如果成功，您将拥有一个正在运行的相同配置的 Vagrant 环境。

这个命令有两个标志。

- `--provision-with [INSERT VALUE]`：产生特定 provider 程序的 Vagrant 机器。您可以通过将参数用逗号隔开的方式来产生多种 provider 的机器。

- -h/--help：打印命令的帮助信息到屏幕上。

例如 vagrant provision --help 命令。

7. push 命令

使用 push 命令将根据您在 Vagrantfile 中配置的方法部署代码。您可以使用 FTP/SFTP 或 Heroku 作为部署方法。

这个命令只有一个标志——-h/--help，使用该标志将打印此命令的帮助信息到屏幕上。

例如 vagrant push --help 命令。

8. reload 命令

当您对 Vagrantfile 进行了更改并希望将更改应用于正在运行的机器时，可以使用 reload 命令。该命令将停用原有的 Vagrantfile，然后应用新的 Vagrantfile，接着再启动环境。

这个命令有 3 个标志。

- --provision/--no-provision：在重新加载过程中启用或禁用配置过程。
- --provision-with [INSERT VALUE]：使用特定配置方式来准备 Vagrant 机器。您可以通过将参数用逗号隔开的方式来使用多种方式。
- -h/--help：打印命令的帮助信息到屏幕上。

例如 vagrant reload --no-provision 命令。

9. resume 命令

使用 resume 命令将启动一个被暂停的 Vagrant 环境。它可以在 vagrant halt 命令执行之后执行。

这个命令有 3 个标志。

- --provision/--no-provision：在计算机恢复时启用或者禁用配置过程。
- --provision-with [INSERT VALUE]：仅使用第一个参数来指定特定的配置工具。您可以通过将参数用逗号隔开的方式来使用多个配置工具。参数值可以是配置工具的名字或者类型。
- -h/--help：打印命令的帮助信息到屏幕上。

例如 vagrant resume --no-provision 命令。

10. status 命令

使用 status 命令将会返回 Vagrant 机器的状态，例如 stopped 或者 running 等信息。

这个命令只有一个标志——-h/--help，使用该标志将打印此命令的帮助信息到屏幕上。

例如 vagrant status --help 命令。

11. suspend 命令

suspend 命令类似于 vagrant halt 命令，但它不是完全停止和关闭机器，而是会保存客户机上使用过的状态。当您再次启动机器时，它会从那个确切的位置开始，没有冗长的启动过程，和您从头启动是一样的。

这个命令只有一个标志——-h/--help，使用该标志将打印此命令的帮助信息到屏幕上。

例如 vagrant suspend --help 命令。

12. up 命令

使用 up 命令将启动 Vagrant 环境。在启动过程中，它还将配置机器，其作用类似于

vagrant provision 命令。

这个命令有 7 个标志。

- --provision/--no-provision：启用或禁用 Vagrant 启动时的配置过程。
- --provision-with [INSERT VALUE]：仅使用第一个参数指定的配置程序。如果要使用多个参数，您可以使用逗号分隔。参数的值可以是配置程序的名称或类型。
- --destroy-on-error/--no-destroy-on-error：如果发生严重的错误，则销毁机器，除非您使用 --no-destroy-on-error 标志，否则这是默认行为。
- --parallel/--no-parallel：仅在 provider 支持的情况下才启用或禁用并行执行。本书中使用 VirtualBox 作为 provider，在编写本书时它不支持并行执行。如果执行该命令，则不会发生任何事情。
- --provider [INSERT VALUE]：使用第一个参数指定的 provider。
- --install-provider/--no-install-provider：如果未安装 provider，则尝试安装。
- -h/--help：打印命令的帮助信息到屏幕上。

例如 vagrant up --no-parallel 命令。

13．validate 命令

validate 命令用于验证 Vagrantfile 并返回任何存在的错误。它会检查 Vagrantfile 中的问题，例如语法错误。

这个命令只有一个标志——-h/--help，使用该标志将打印此命令的帮助信息到屏幕上。

例如 `vagrant validate --help` 命令。

3.2.5 特定应用程序的 Vagrant 命令和子命令

特定应用程序的 Vagrant 命令与子命令专注于与 Vagrant 或 VirtualBox 不直接相关的外部应用程序或软件的操作。本节中，我们将介绍 Docker、RDP、RSync、SSH 和 PowerShell 命令与子命令。

1. docker-exec 命令

通过 `docker-exec` 命令可以直接在运行中的 Docker 容器中执行命令，当 Docker 作为 Vagrant 的 provider 时可以这样使用。

这个命令有 8 个标志。

- `--no-detach/--detach`：禁用或启用后台执行的命令。
- `-i/--interactive`：即使没有连接，也保持标准输入（STDIN）打开。
- `--no-interactive`：即使没有连接，也不保持标准输入（STDIN）打开。
- `-t/--tty`：启用 pseudo-tty，称为 pty（虚拟终端）。
- `--no-tty`：禁用虚拟终端。
- `-u [INSERT VALUE]/--user [INSERT VALUE]`：使用该标志的命令时将用户或 UID 作为第一个参数。
- `--prefix/--no-prefix`：启动或禁用带有计算机名称的前缀输出信息，这对于区分机器和容器非常有用。
- `-h/--help`：打印命令的帮助信息到屏幕上。

例如 `vagrant docker-exec --no-tty` 命令。

2. docker-logs 命令

docker-logs 命令用于从正在运行的容器中返回日志，在使用 Docker 作为 Vagrant 的 provider 时可用。

这个命令有 3 个标志。

- --no-follow/--follow：禁用或启用流式 Docker 日志数据的输出信息。
- --no-prefix/--prefix：禁用或启动带有计算机名称的前缀输出信息，这对于区分机器和容器非常有用。
- -h/--help：打印命令的帮助信息到屏幕上。

例如 vagrant docker-logs --no-follow 命令。

3. docker-run 命令

docker-run 命令和 vagrant docker-exec 命令十分相似，它允许您在 Docker 容器内执行命令。与 docker-exec 命令相比，它具有更少的选项和更低的可配置性。同样，它在使用 Docker 作为 Vagrant 的 provider 时可用。

这个命令有 6 个标志。

- --no-detach/--detach：禁用或启用命令的后台执行。
- -t/--tty：启用 pseudo-tty，即 pty（伪终端）。
- --no-tty：禁用 pseudo-tty。
- -r/--rm：执行结束后删除容器。
- --no-rm：执行结束后不删除容器。
- -h/--help：打印命令的帮助信息到屏幕上。

例如 `vagrant docker-run --no-detach` 命令。

4．rdp 命令

`rdp` 命令可以用于为 Vagrant 环境创建远程桌面客户端，这只能用于支持远程桌面协议的 Vagrant 环境。

这个命令只有一个标志——`-h/--help`，使用该标志将打印该命令的帮助信息到屏幕上。

例如 `vagrant rdp --help` 命令。

5．rsync 命令

使用 `rsync` 命令将强制启动一次同步——从已配置为使用 RSync 作为同步选项的任何文件夹到远程机器。通常只有在手动启动或重新加载 Vagrant 环境时才会发生同步。

这个命令只有一个标志——`-h/--help`，使用该标志将打印该命令的帮助信息到屏幕上。

例如 `vagrant rsync --help` 命令。

6．rsync-auto 命令

`rsync-auto` 命令的作用与 `vagrant rsync` 命令类似，它强制在任何已配置 RSync 的文件夹之间进行同步。不同的是，它将监听所有已配置的目录，并自动同步。

这个命令有 3 个标志。

- `--poll`：强制轮询文件系统。此选项性能不是很好，使用后结果返回可能会很慢。
- `--no-poll`：禁用对文件系统的轮询。
- `-h/--help`：打印命令的帮助信息到屏幕上。

例如 `vagrant rsync-auto --no-poll` 命令。

7. ssh 命令

使用 `ssh` 命令会根据 SSH 协议将您的机器连接到远程 Vagrant 机器。使用此命令可以访问机器的 Shell，从而允许您直接在机器上执行命令。

这个命令有 5 个标志。

- `-c [INSERT VALUE]/--command [INSERT VALUE]`：使用第一个参数通过 SSH 直接执行命令。
- `-p/--plain`：以普通模式连接，需要进行身份认证。
- `-t/--tty`：执行 SSH 命令时启动 `tty`，此标志是默认的。
- `--no-tty`：执行 SSH 命令时禁用 `tty`。
- `-h/--help`：打印命令的帮助信息到屏幕上。

例如 `vagrant ssh --plain` 命令。

8. ssh-config 命令

使用 `ssh-config` 命令将会生成一个可被 SSH 协议使用的配置文件，在 Vagrant 机器中可以将其用于 SSH 协议。

这个命令有两个标志。

- `--host [INSERT VALUE]`：使用第一个参数来命名被配置的主机。
- `-h/--help`：打印命令的帮助信息到屏幕上。

例如 `vagrant ssh-config --host testname` 命令。

9. powershell 命令

使用 `powershell` 命令会打开到 Vagrant 机器的 PowerShell 连接。它仅适用于支持该命令的客户机和 Vagrant 机器，当您尝试在不支持该命令的客户机（如安装 macOS 的机器）上执行此命令时，将返回以下错误。

```
Your host does not support PowerShell. A remote PowerShell connection can only be made from a windows host.
```

这个命令有两个标志。

- --c [INSERT VALUE] /--command [INSERT VALUE]：执行第一个参数提供的 PowerShell 命令。
- -h/--help：打印命令的帮助信息到屏幕上。

例如 vagrant powershell --help 命令。

3.2.6 使用这些命令的典型的 Vagrant 工作流

在本节中，您将看到 Vagrant 命令和子命令是如何组成一个基本工作流的。

① 确保您位于一个新的空目录中（这一点不是必须的，但是这样可以将项目与其他文件分开）。

② 执行 vagrant init ubuntu/xenial64 https://vagrantcloud.com/ubuntu/xenial64 命令。这将创建一个默认的 Vagrantfile，但是 box 会被设置成 Ubuntu 16.04.4 64-bit 版本。第一个参数是官方的 box 名称，第二个参数是它的下载 URL。

③ 执行 vagrant validate 命令以确保 Vagrantfile 没有错误并准备就绪。这里不应该有任何错误，因为我们用的是默认 Vagrantfile。您会看到返回信息 Vagrantfile validated successfully。

④ 要启动 Vagrant 机器，请执行 vagrant up 命令。如果您没有安装该 Ubuntu 的 box，Vagrant 将在配置的过程中下载它。这可能需要一些时间，具体取决于您的

网速。

⑤ 在启动过程中，Vagrant 将配置网络连接，导入 box，配置和启动 SSH 服务，转发 Vagrant 客户机与您的机器之间的任意端口，并挂载需要共享的文件。

⑥ box 引导 Vagrant 配置完成后，您将能够通过 SSH 协议登录并直接在 Vagrant 环境中执行命令。执行 `vagrant ssh` 命令即可。

⑦ 几秒后，您能够看到 Ubuntu 的终端和当天的系统消息。第一行信息应该类似于 `Welcome to Ubuntu 16.04.04 LTS`。您现在可以在 Vagrant 环境中执行命令，例如安装 Ubuntu 的软件包等。

⑧ 要退出终端并挂起 Vagrant 正在管理的虚拟机，可以在 Ubuntu 终端执行 `exit` 命令。

⑨ 您可以通过执行 `vagrant status` 命令来检查 Vagrant 环境的状态，它将返回系统上的 Vagrant 机器列表。这里您会看到机器仍在运行，名称可能是 `default`，状态可能是 `running (virtualbox)`，其中 `virtualbox` 是我们 Vagrant 机器的 provider。

⑩ 将环境的当前状态保存为快照。我们可以执行 `vagrant snapshot save default first_snapshot` 命令，该命令告诉 Vagrant 使用名称为 default 的机器保存快照，并将快照命名为 `first_snapshot`。

⑪ 要确认快照是否保存，请执行 `vagrant snapshot list` 命令，该命令会返回 `first_snapshot`。该命令最初只会返回一个快照，因为这已经是我们保存的所有快照了，但保存多次之后会看到一个列表。您可以使用快照将环境还原到某次保存时的状态。

⑫ 执行 `vagrant suspend` 命令挂起 Vagrant 正在管理的虚拟机。

这是一个简单的工作流，因为我们没有在机器上完成任何工作或者安装任何其他功能。在后面的章节中，我们将介绍如何自定义 Vagrantfile 并更改配置。我们还将研究如何使用配置管理工具（如 Chef 和 Ansible）配置 Vagrant 机器。

3.3 故障排除

Vagrant 命令、子命令、参数和标志非常多，因此输入命令并返回错误消息的概率会很大。

如果输入错误的命令，Vagrant 会有一个友好的错误返回提示。命令会返回错误的原因有以下几个。

- 您正尝试在没有 Vagrant 机器运行时执行命令。
- 您正尝试对不存在或不正确的名称、ID 或已删除的 Vagrant 机器执行命令。
- 您的命令中有一个拼写错误。
- 您的参数顺序错误。
- 命令中未包含需要的参数。
- 您的标志顺序有误。
- 命令中未包含需要的标志。
- 当您没有使用该 provider 时，运行了特定于此 provider 的命令。
- 当您没有使用该操作系统时，运行了特定于此操作系统的命令。

以下是一些问题排查提示。

- 阅读错误消息，看一看您是不是遗漏了什么。
- 执行 `vagrant [INSERT VALUE] --help` 命令，其中`[INSERT VALUE]`是

您尝试运行的命令，它将提供该命令的语法、顺序、参数和标志。

- 确保您的命令字符串中没有任何拼写错误。
- 如果发生了错误或存在疑问，可以直接检查 Vagrantfile。您可以执行 `vagrant validate` 命令来确认。
- 您可以随时访问 Vagrant 官方网站，以确保您安装的 Vagrant 版本具有或支持您尝试执行的命令。
- 如果您无法解决当前问题，那么搜索特定的错误消息会非常有用。您可能会遇到有相同问题的人，通常是在诸如 Stack Overflow 等网站或 Vagrant 项目的 GitHub issue 中。
- 在最极端的情况下，您可能需要卸载 Vagrant（有时是 VirtualBox），然后重新启动计算机并重新安装 Vagrant（可能还有 VirtualBox）。

3.4　总结

在本章，我们介绍了 Vagrant 的命令与子命令。您现在应该可以理解每个命令的作用以及使用场景了！您可以随时回顾，将本章的内容作为参考。

在第 4 章中，我们将介绍 Vagrant box 和 Vagrant Cloud。您将学习如何安装并管理 Vagrant box、创建自己的 Vagrant box，以及如何在 Vagrant Cloud 平台上搜索其他社区和公司创建的 box。

第 4 章 探索 Vagrant box——Vagrant Cloud

在本章中，您将学习有关 Vagrant box 的知识。您将了解什么是 box，以及如何通过第 3 章中介绍的 Vagrant 命令和子命令来管理 box。您还将了解 Vagrant Cloud，它是公有和私有 Vagrant box 的在线目录，可供您搜索和在系统中安装——随时可用于您自己的 Vagrant 环境！

学习完本章，您将系统掌握 Vagrant box 和 Vagrant Cloud 的基础知识。本章将介绍以下内容。

- Vagrant box。
- 如何安装 Vagrant box。
- 如何删除 Vagrant box。
- box 的版本。
- 什么是 Vagrant Cloud？

- 如何创建自己的 box（重新打包）。
- 如何将自定义 box 上传到 Vagrant Cloud。
- Vagrant box 的企业级解决方案。

4.1 Vagrant box

Vagrant box 是包含 Vagrant 环境的特定的包格式。Vagrant box 文件使用 `.box` 扩展名。它可以与 Vagrant 支持的任何平台和系统协同工作。

4.1.1 Vagrant box 文件

Vagrant box 文件由 3 个部分组成，包括 box 文件、box 元数据和 box 信息。当安装和使用新的 box 以创建正确的环境时，Vagrant 会使用这些组件的各个部分，并将所需的所有内容打包到一个文件中。下面让我们深入研究这 3 个部分，看一看每个部分的作用。

1. box 文件

box 文件中包含不同的信息，具体取决于其 provider。它是特定于 provider 的，可以是几种不同的格式之一，如`.zip`、`tar.gz` 或者`.tar`。Vagrant 不直接使用这些信息，而是会将其传递给 provider。

2. box 元数据

box 目录元数据通常与 Vagrant 的云平台一起使用。它包含诸如 box 名称、版本差异、描述和支持的不同 provider 程序以及特定 box 文件的任何 URL 之类的信息。此元数据通常存储为`.json` 文档，文件名是 `metadata.json`。

3. box 信息

box 信息是您可以添加的额外信息。当用户执行 `vagrant box list --box-info` 命令时，将显示这些额外的信息，您可以添加作者姓名、公司和 URL 等信息。该文件是.json 文档，文件名为 info.json。

4.1.2 如何安装 Vagrant box

在本节中，您将会学习如何安装一个 Vagrant box。安装 Vagrant box 有很多种方式，具体如下。

- 直接指向 box 文件的 URL。
- 使用公共 box 名的简称，例如 debian/jessie64。
- 使用特定 box 地址或者 URL 目录。

通常，较简单的选择是使用简称，因为它不需要您知道完整的 box URL 或 URL 目录。

当 Vagrant box 支持多个 provider 时，您可以选择一个 provider 来安装，如图 4.1 所示。

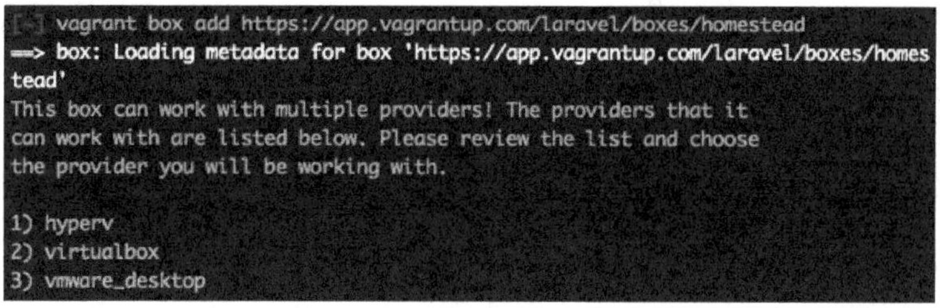

```
[~] vagrant box add https://app.vagrantup.com/laravel/boxes/homestead
==> box: Loading metadata for box 'https://app.vagrantup.com/laravel/boxes/homes
tead'
This box can work with multiple providers! The providers that it
can work with are listed below. Please review the list and choose
the provider you will be working with.

1) hyperv
2) virtualbox
3) vmware_desktop
```

图 4.1

您还可以使用--provider 标志指定要使用哪种 provider 来安装 box。Vagrant 提供了易用选项，例如图 4.1 所示内容或使用全功能的命令行。

1. 直接指向 box 文件的 URL

此安装方法要求您知道 box 文件的完整 URL，并且必须使用 --name 标志，以便 Vagrant box 为这个 box 命名。此命名有助于更新与版本管理。

这是此方法应用的一个例子：vagrant box add --name "mybox" http://www.example.com/boxname.box。

执行这个命令将安装 `boxname.box` box，并给它命名为 `mybox`，从 `www.example.com` 下载它。

2. box 文件的简称或别名

如果您知道 box 的简称或别名，那么使用简称来安装 box 的方法是非常简单和直接的。

这是此方法应用的一个例子：`vagrant box add debian/jessie64`。

执行此命令将安装 64 位 Jessie 版本的 Debian 操作系统。您可以在线搜索或在 Vagrant Cloud 平台查找 box 的简称（或别名）。

3. 特定 box 地址或者 URL 目录

此方法类似于直接指向 box 文件的 URL，您可以使用 box 的 URL 或文件路径直接下载和安装 box 文件。

这是此方法应用的一个例子：`vagrant box add https://app.vagrantup.com/ubuntu/boxes/trusty64`。

执行此命令将安装 64 位 Trusty 版本的 Ubuntu 操作系统。您不需要使用 `--name` 标志，因为 Vagrant 将从 box 元数据和 box 信息文件中获取此信息。

4.1.3 如何删除 Vagrant box

在某些时候，您可能需要从系统中删除 Vagrant box，可能有以下几个原因。

- 释放系统磁盘空间。
- 删除损坏的版本。
- 移除旧的不再使用的版本。

无论原因是什么，在本节中，您将学习如何删除 Vagrant box。在删除 Vagrant box 之前，您需要获取要删除 box 正确的名称和格式，以防不小心删错了。

要列出系统上的可用 box，请执行 `vagrant box list -i` 命令，该命令将返回系统上已安装的 box 的名称、provider 以及它的最新版本。使用 `-i` 标志还将帮助您选择正确 box 的其他额外信息。

1. 删除某个特定版本的 box

可以从系统删除特定版本的 Vagrant box 而无须完全删除该 box，这种操作通常用来删除旧版本以释放磁盘空间。

您可以执行 `vagrant box prune --dry-run` 命令查看系统上过时的 box 版本列表。执行此命令将展示保留的 box（如果您选择运行 `prune` 命令）以及将会被删除的所有 box。

图 4.2 所示为上述命令的示例输出信息。

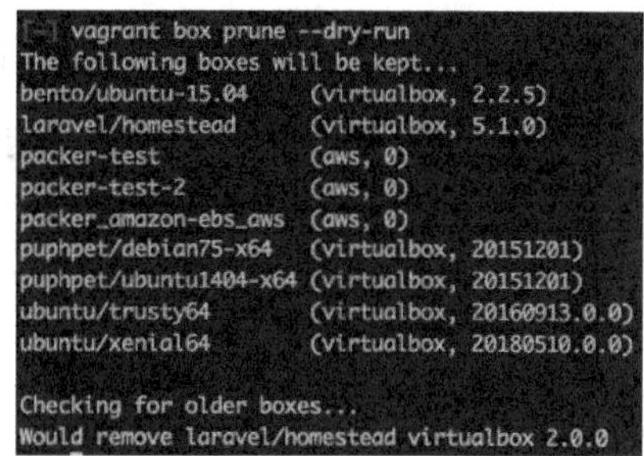

图 4.2

如果要从系统中删除所有过时的 box，请执行 `vagrant box prune` 命令。

要删除特定版本的 box，您可以执行 `vagrant box remove [BOXNAME] --box-version [BOXVERSION]` 命令，其中第一个参数是 box 的名称，第二个参数是特定的版本。图 4.3 所示为示例输出信息。

```
[~] vagrant box remove laravel/homestead --box-version 2.0.0
Removing box 'laravel/homestead' (v2.0.0) with provider 'virtualbox'...
```

图 4.3

2. 删除一个 box 的所有版本

要删除一个 box 的所有版本，可以执行 `vagrant box remove [BOXNAME]` 命令，其中第一个参数是 box 的名称。运行此命令时，终端将在删除该 box 之前要求确认。

图 4.4 所示为示例输出信息。

```
[~] vagrant box remove packer-test
Removing box 'packer-test' (v0) with provider 'aws'...
```

图 4.4

如果出于某种原因，您想跳过确认直接删除 box，可以执行 vagrant box remove [BOXNAME] –force 命令，即使用 --force 标志。

4.1.4　box 版本管理

您的系统上可以存在 Vagrant box 的多个版本。在 4.1.3 节中，我们讨论了如何查看过时的 box 版本以及如何删除特定版本的 box。

4.2　Vagrant Cloud

在本节中，我们将重点关注 Vagrant Cloud。我们将了解它是什么、它的用途、如何使用它，以及如何使用 Vagrant Cloud 搜索 Vagrant box 并将其安装到您的系统中。

Vagrant Cloud 是 HashiCorp 公司的云平台，它允许您搜索、上传和下载 Vagrant box。另外，您可以在其上创建账户，Vagrant Cloud 一共提供 3 种不同的账户层级，这些账户有的免费，有的则需要付费。

1. Vagrant Cloud 官网

目前 Vagrant Cloud 官网根据您的需要提供 3 种不同功能、不同定价的账户，具体如下。

- **免费**：此选项提供无限制的公共 box 托管。
- **个人**：此选项提供无限制的公共 box 托管，每个私有 box 每月收取 5 美元。
- **企业**：此选项提供无限制的公共 box 托管，每个私有 box 每月收取 25 美元，可以与团队共享私有 box。

要选择哪种账户，实际上取决于您的日常用例，以及您想使用 Vagrant Cloud 的什么功能。您可以从免费的账户开始，如果需要，可以随时升级。

2. 安装 Vagrant Cloud 上的 Vagrant box——搜索

下面让我们使用搜索功能查找可以在系统上安装的 box。搜索功能相当简单，它提供了一些过滤器。

您可以看到图 4.5 所示的界面。

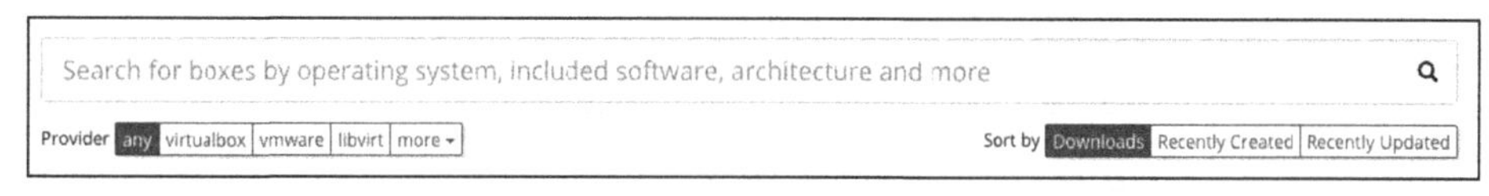

图 4.5

Vagrant Cloud 有 3 种不同的搜索方式，具体介绍如下。

- 您可以在主文本输入区中输入几乎任何内容——box 名称、操作系统、体系架构或 box 附带的软件。
- 您可以按 **Provider** 选项进行过滤，例如 **virtualbox**、**vmware** 和 **docker**。如果您没有偏好，可以选择任意选项。
- 您还可以通过 **Downloads（总下载次数）**、**Recently Created（最近创建）和 Recently Updated（最近更新）**来对结果进行排序。

让我们搜索一个支持 VirtualBox provider 的 `Laravel`（PHP Web 框架）box，然后按照 **Downloads** 排序，如图 4.6 所示。

单击第一个结果，获取对应 box 的更多信息，如图 4.7 所示。

图 4.7 所示页面提供了大量信息，包括 box 版本的历史记录。最新的 box 版本是从顶部列出的，因此最顶部的版本总是最新的。

Laravel
Provider any virtualbox vmware libvirt more
Sort by Downloads Recently Created Recently Updated
laravel/homestead 6.0.0
Official Laravel local development box.
hyperv parallels virtualbox vmware_desktop
Downloads 12,925,694
Released 20 days ago
laravel/homestead-7 0.2.1
Official Laravel local development box for PHP 7.0.
virtualbox vmware_desktop
Downloads 140,885
Released over 2 years ago
antoniofrignani/laravel-homestead-settler-32 0.1.1
A 32Bit version of laravel homestead box, without memcached
virtualbox
Downloads 22,952
Released almost 4 years ago
rmff/laravel-homestead-32bit 0.0.1
Laravel Homestead 32-Bit version
virtualbox
Downloads 10,148
Released over 2 years ago

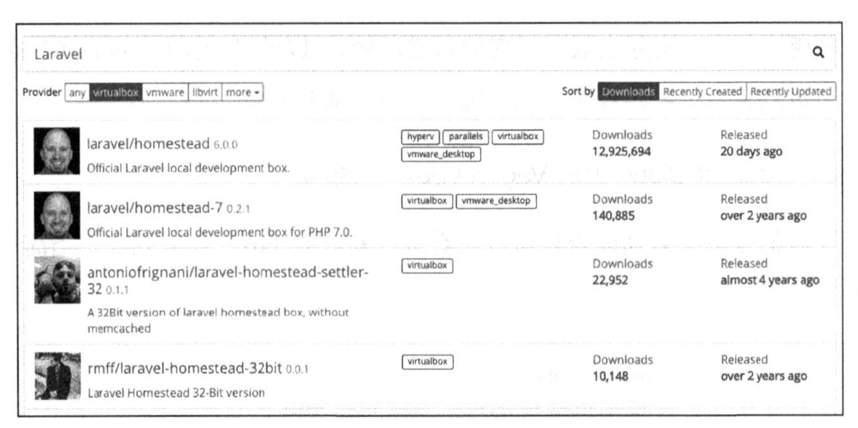

图 4.6

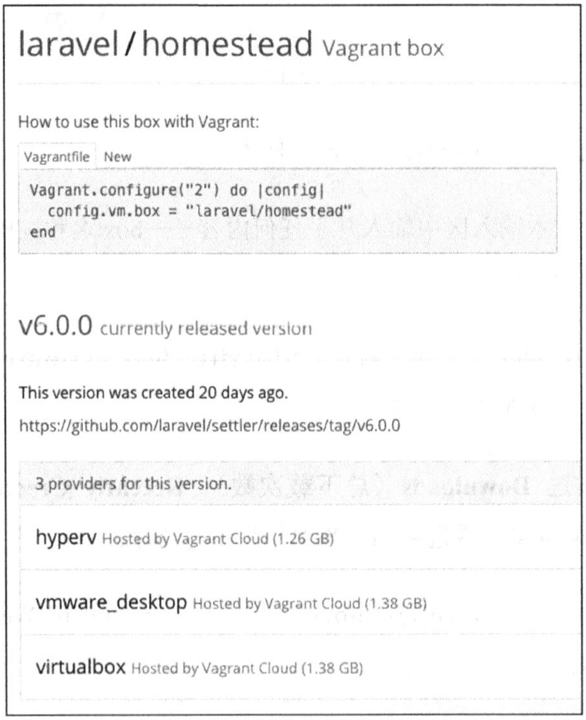

laravel / homestead Vagrant box
How to use this box with Vagrant:
Vagrantfile New
Vagrant.configure("2") do |config|
config.vm.box = "laravel/homestead"
end
v6.0.0 currently released version
This version was created 20 days ago.
https://github.com/laravel/settler/releases/tag/v6.0.0
3 providers for this version.
hyperv Hosted by Vagrant Cloud (1.26 GB)
vmware_desktop Hosted by Vagrant Cloud (1.38 GB)
virtualbox Hosted by Vagrant Cloud (1.38 GB)

图 4.7

第一部分的标题为 How to use this box with Vagrant（如何通过 Vagrant 使用此 box），此外提供了在系统上安装和使用此 box 的两个基本示例。默认显示的选项卡是 **Vagrantfile**，它展示了可以添加到 Vagrantfile 的 3 行代码。标题为 **New** 的第二个选项卡展示了如何使用终端中的命令安装和运行该 box，如图 4.8 所示。

laravel/homestead Vagrant box

How to use this box with Vagrant:

Vagrantfile New

```
vagrant init laravel/homestead
vagrant up
```

图 4.8

接下来看一看 v6.0.0 部分，在这里您可以看到版本的创建时间，并且有一个 GitHub URL，您可以在其中查看特定版本的发布信息。

在这里，您还可以查看此版本支持的 provider 程序以及该 box 的文件大小。在图 4.7 所示的例子中，可以看到 6.0.0 版本支持 3 个 provider 程序，包括 hyperv、vmware_desktop 和 virtualbox。我们可以看到 hyperv 的文件大小为 1.26GB，vmware_desktop 和 virtualbox 的文件大小为 1.38GB。

3. 安装 Vagrant Cloud 上的 Vagrant box——安装

现在已经找到了我们想要的 Vagrant box，可以在系统上安装并使用它。下面我们将使用 `init` 命令创建一个新的 Vagrantfile，然后安装此 box。

① 首先创建一个新的空目录，进入那个目录，然后执行 `vagrant init laravel/homestead` 命令，就像 Vagrant Cloud 网站所描述的一样，如图 4.9 所示。

② 执行 `ls` 命令，您可以在当前目录看到一个新的 Vagrantfile 文件，如图 4.10 所示。

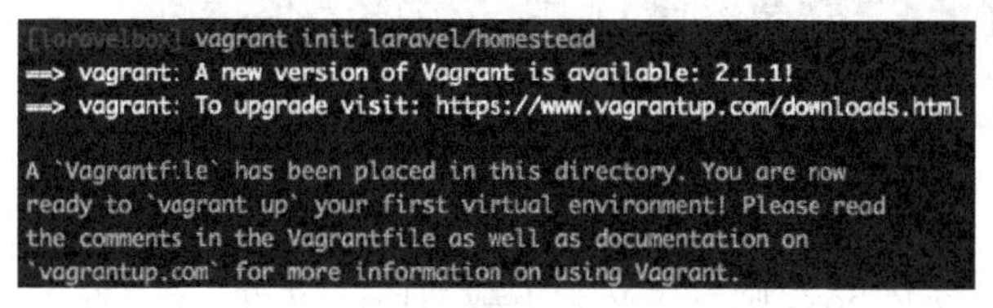

图 4.9

图 4.10

让我们看一看 Vagrantfile 中的内容。我已经使用 Atom 文本编辑器打开了它。让我们将注意力集中到前几行（除去注释），如图 4.11 所示。

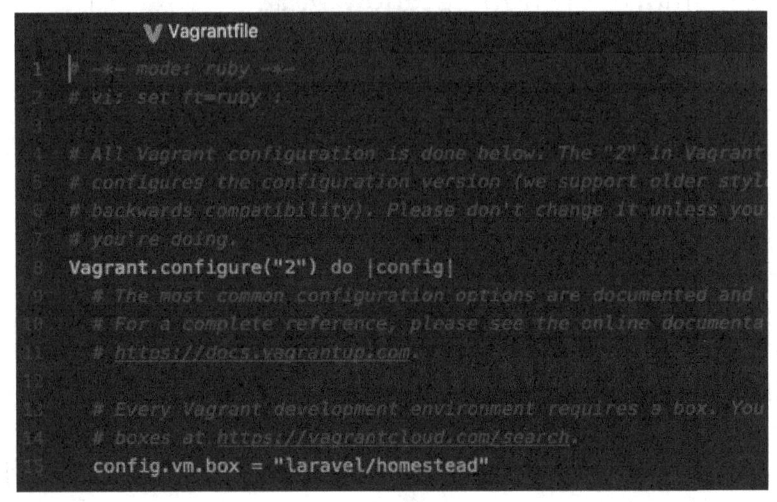

图 4.11

在第 15 行您可以看到 `config.vm.box` 已被设置为 `laravel/homestead` 的键值对。这正是 `init` 命令的作用，它创建并初始化一个新的 Vagrantfile，并根据命令参数设置一个指定的值。

③ 我们现在可以启动 Vagrant box，它将安装 `laravel/homestead box`。运行 `vagrant up` 命令，如图 4.12 所示。

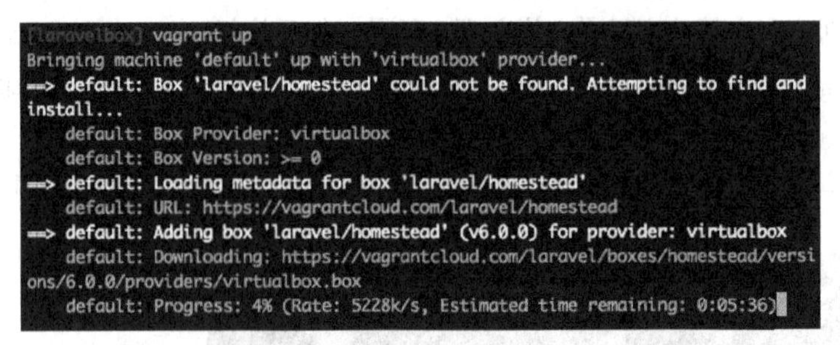

图 4.12

④ 如果您的系统上没有安装 box，则首先必须下载 `.box` 文件。该文件大约 1.38GB

（数据来源为 Vagrant Cloud 网站的 6.0.0 版本描述）。下载可能需要一些时间，具体时间取决于您的网络连接速度。

⑤ 安装完成后，您会看到一条代表成功的信息，该 box 载入，如图 4.13 所示。

```
==> default: Successfully added box 'laravel/homestead' (v6.0.0) for 'virtualbox
'!
==> default: Importing base box 'laravel/homestead'...
Progress: 40%
```

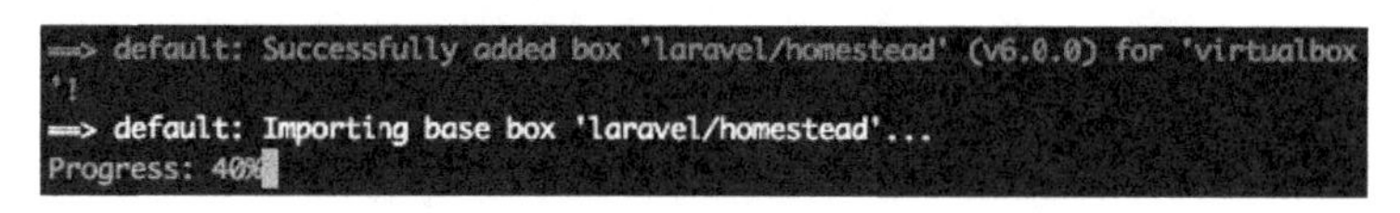

图 4.13

⑥ 载入后，Vagrant 将继续对 box 进行初始化操作，将配置网络、SSH 和挂载存储。您可以执行 `vagrant ssh` 命令通过 SSH 连接来体验此 box，如图 4.14 所示。

```
[laravelbox] vagrant ssh
Welcome to Ubuntu 18.04 LTS (GNU/Linux 4.15.0-20-generic x86_64)
```

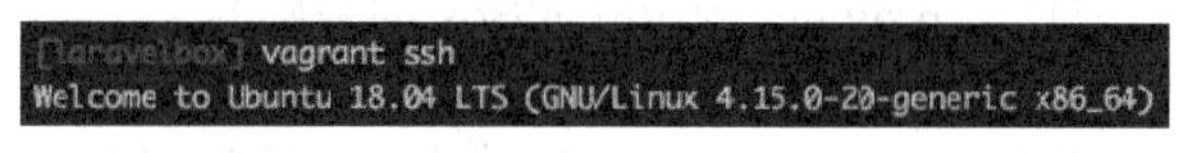

图 4.14

⑦ 让我们执行一个简单的命令，以确保一切正常。执行 `vagrant ssh` 命令后，再执行 `php -v` 命令，输出系统上安装的 PHP 的版本。PHP 是必须安装的，因为它是 Laravel 框架的依赖之一。您会看到类似图 4.15 所示的输出信息，从图中我们可以看到安装了 7.2.4-1 版本的 PHP。

```
vagrant@vagrant:~$ php -v
PHP 7.2.4-1+ubuntu18.04.1+deb.sury.org+1 (cli) (built: Apr  5 2018 08:55:11) ( N
TS )
Copyright (c) 1997-2018 The PHP Group
Zend Engine v3.2.0, Copyright (c) 1998-2018 Zend Technologies
```

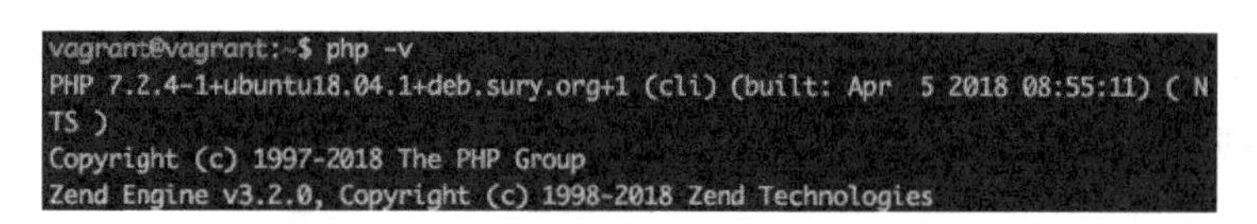

图 4.15

⑧ 如果您想退出 Vagrant box，只需要执行 `exit` 命令即可。可以通过执行 `vagrant status` 命令来查看 Vagrant box 的状态，结果是 `running (virtualbox)`。还可以通过执行 `vagrant halt` 命令来停止 box，如图 4.16 所示。

```
[laravelbox] vagrant halt
==> default: Attempting graceful shutdown of VM...
```

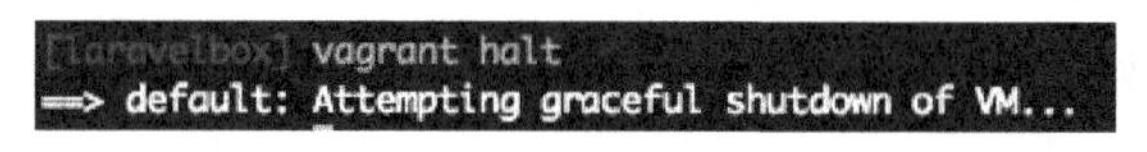

图 4.16

⑨ 现在，再次执行 `vagrant status` 命令查看状态，如图 4.17 所示。

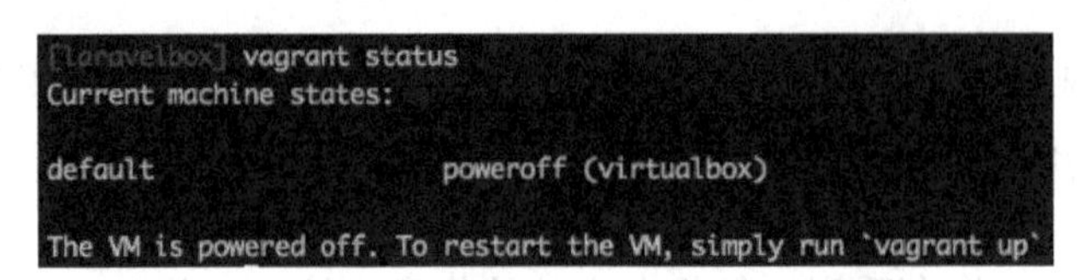

图 4.17

可以看到状态已经变成 `poweroff (virtualbox)` 了。

4.3　将 Vagrant box 上传到 Vagrant Cloud

在本节中，您将学习如何创建自己的 Vagrant box，以及如何将该 box 上传到 Vagrant Cloud。您还将学习如何打包 provider 为 VirtualBox 的基础 box。

在继续之前，请先在 Vagrant Cloud 平台上创建一个账户。您可以通过单击顶部菜单里的 **Create an Account（创建账户）**来完成。

在将任何内容上传到 Vagrant Cloud 平台之前，我们需要先创建一个 box。Vagrant box 是在 Vagrant Cloud 平台上找到的 ubuntu/xenial64 的基本 box 的重新包装版。为了简单起见，下面我们只需重新打包此 box 并使用其他名称上传。

① 首先，需要确保安装了 ubuntu/xenial64 box。您可以通过执行 `vagrant box list` 命令来检查。我在自己的系统上安装了它，如图 4.18 所示。

图 4.18

② 如果您没有安装它，则需要执行 `vagrant box add ubuntu/xenial64` 命令来将它安装到系统中。

③ 让我们运行一下它以确保可以正确运行。执行 `vagrant init ubuntu/xenial64` 命令来生成一个基本的 Vagrantfile，然后执行 `vagrant up` 命令启

动并运行该 box。

④ 一旦该 box 启动并运行，就能够通过执行 `vagrant ssh` 命令进入机器。一切工作正常，现在执行 `exit` 命令退出 box，然后执行 `vagrant halt` 命令停止这个机器。

⑤ 现在是时候在 Vagrant Cloud 仪表盘中配置 Vagrant box 了。登录您的账户并单击 **Dashboard（控制面板）**按钮，您会看到另一个 **New Vagrant box** 按钮。单击该按钮，您可以看到图 4.19 所示的界面。

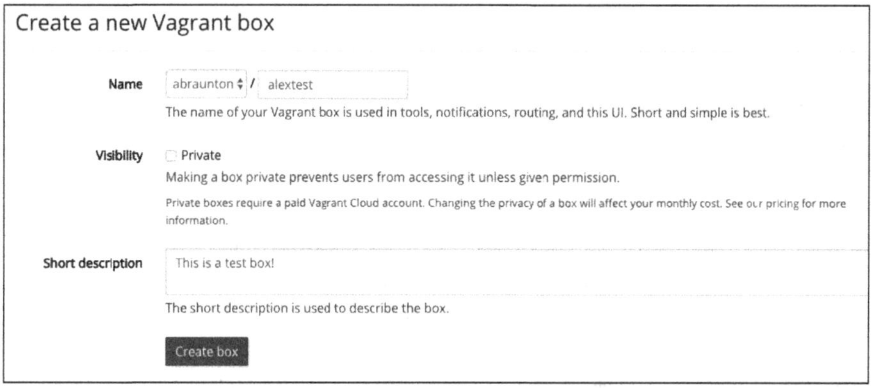

Create a new Vagrant box

Name　abraunton / alextest

The name of your Vagrant box is used in tools, notifications, routing, and this UI. Short and simple is best.

Visibility　Private

Making a box private prevents users from accessing it unless given permission.

Private boxes require a paid Vagrant Cloud account. Changing the privacy of a box will affect your monthly cost. See our pricing for more information.

Short description　This is a test box!

The short description is used to describe the box.

Create box

图 4.19

⑥ 该界面中的名称分为两部分：您的用户名和以斜杠分隔的 box 名称。我的 box 可以通过 `abraunton/alextest` 访问，但最好使用更具描述性的名称。除非您有付费账户，否则无法使用私人模式。我建议尽可能添加 **Short description（简短说明）**。完成后单击 **Create box（创建 box）**按钮继续。

⑦ 现在需要为此 box 添加一个版本。让我们从 0.0.1 开始，因为这是我们 box 的第一次迭代。您还可以为此特定版本添加 **Description（说明）**，如图 4.20 所示。

⑧ 准备好后，单击 **Create version（创建版本）**按钮。现在需要在 Vagrant box 中添加一个 provider 程序。您可以通过单击 **Add a provider（添加 provider）**按钮来完成，如图 4.21 所示。

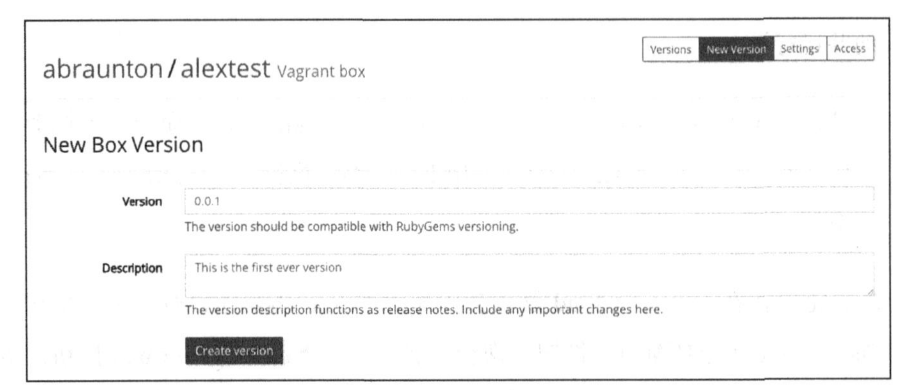

图 4.20

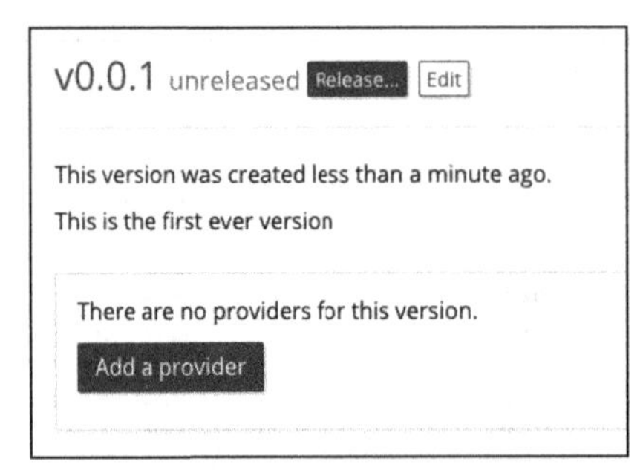

图 4.21

⑨ 您现在需要为此 box 选择一个 provider 程序。我们在此继续选择 **virtualbox**，然后选择 **Upload to Vagrant Cloud（上传至 Vagrant Cloud）**单选项，因为我们希望直接上传 box 文件，如图 4.22 所示。

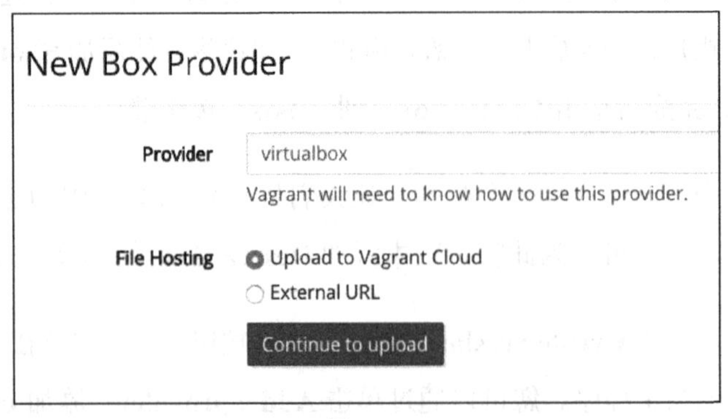

图 4.22

⑩ 在继续之前，我们必须将 box 打包成一个文件。您可以通过在要打包的 box 的工作目录中执行 `vagrant package --output alextest.box` 命令来完成此操作，如图 4.23 所示。

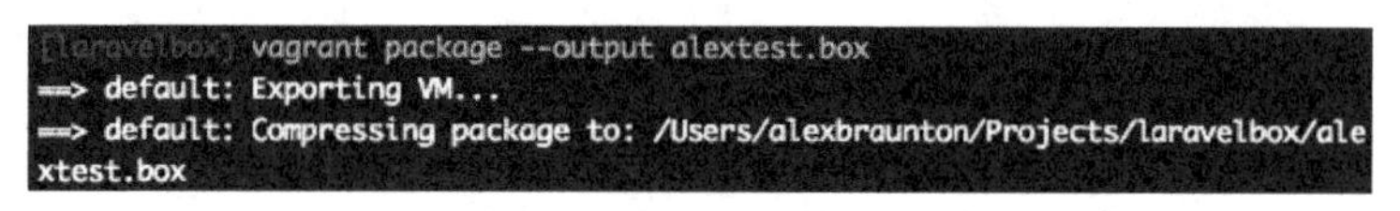

图 4.23

⑪ 这可能要花费几分钟，具体取决于您的机器配置。完成后，切换回 Vagrant Cloud 页面，然后单击 **Continue to upload**（**继续上传**）按钮继续，如图 4.24 所示。

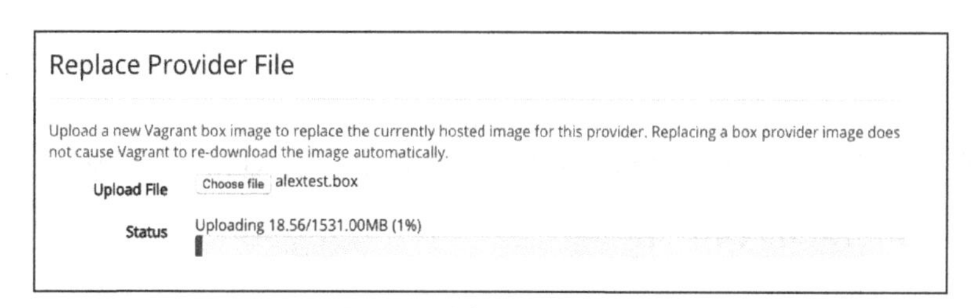

图 4.24

⑫ 选择文件（必须是 `.box` 文件），上传会自动开始。这也需要一些时间，具体取决于您的网络。完成后，状态会变为 **Upload Complete**（**上传完成**）。

⑬ 恭喜！您已经成功创建了 Vagrant box 并将其上传到了 Vagrant Cloud。您现在可以单击 **Dashboard** 菜单，如图 4.25 所示，这里会列出您的所有 box。

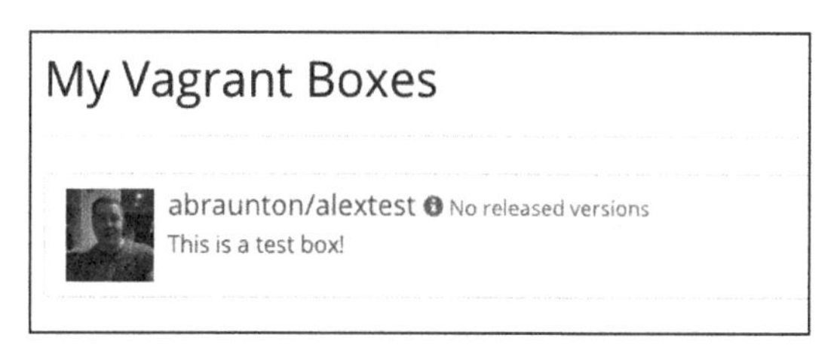

图 4.25

⑭ 可以看到我们刚创建的 abraunton/alextest box 出现在 **My Vagrant Boxes**（**我的 Vagrant box**）标题下，它包含我们添加的描述以及没有发布的版本。这意味着

这个 box 不能被下载，但是我们可以更改它。单击该 box，可以看到图 4.26 所示的信息。

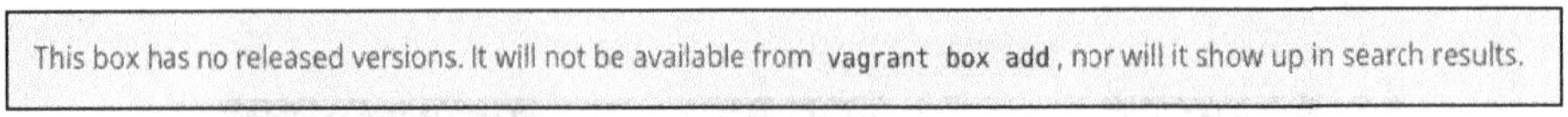

图 4.26

⑮ 向下滚动，可以看到我们上传的 box 0.0.1 版本。单击 **Release...（发布...）** 按钮将它标记为发布版本，如图 4.27 所示。

v0.0.1 unreleased Release... Edit

图 4.27

⑯ 现在将会看到一个确认界面，需要单击 **Release version（发布版本）** 按钮继续执行，如图 4.28 所示。

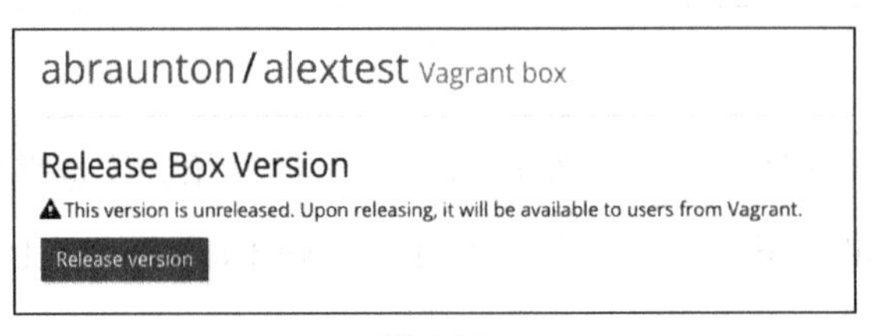

图 4.28

⑰ 现在可以看到 **Successfully released（成功发布）** 消息。恭喜！您已经将自己的第一个 box 公开发布到 Vagrant Cloud 上了，如图 4.29 所示。

图 4.29

⑱ 现在让我们测试一下，确保 box 真正可用。我们可以在系统上安装并运行它。执行 `vagrant init abraunton/alextest --box- version 0.0.1` 命令，如图 4.30 所示。

```
[alextestbox] vagrant init abraunton/alextest --box-version 0.0.1
```

图 4.30

⑲ 这将生成一个 Vagrantfile，它告诉 Vagrant 使用 box abraunton/alextest，并指定了 0.0.1 版本。接下来，执行 `vagrant up` 命令，这将从 Vagrant Cloud 安装 box 并创建我们的环境，如图 4.31 所示。

```
[alextestbox] vagrant up
Bringing machine 'default' up with 'virtualbox' provider...
==> default: Box 'abraunton/alextest' could not be found. Attempting to find and
 install...
    default: Box Provider: virtualbox
    default: Box Version: 0.0.1
==> default: Loading metadata for box 'abraunton/alextest'
    default: URL: https://vagrantcloud.com/abraunton/alextest
==> default: Adding box 'abraunton/alextest' (v0.0.1) for provider: virtualbox
    default: Downloading: https://vagrantcloud.com/abraunton/boxes/alextest/vers
ions/0.0.1/providers/virtualbox.box
    default: Progress: 3% (Rate: 5955k/s, Estimated time remaining: 0:05:16)
```

图 4.31

⑳ 如果您的 box 可以使用而且已发布，则可以正确地下载它。如果一切顺利，您将会在终端上看到图 4.32 所示的信息。

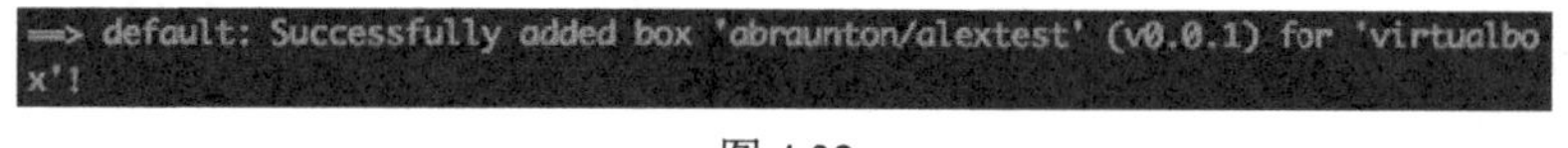

```
==> default: Successfully added box 'abraunton/alextest' (v0.0.1) for 'virtualbo
x'!
```

图 4.32

㉑ Vagrant box 已经启动并运行了，让我们执行 `vagrant ssh` 命令进入 box。在进入时，您会看到 Ubuntu 的欢迎消息。这是正确的，因为我们确实重新打包了一个 Ubuntu box，如图 4.33 所示。

```
[alextestbox] vagrant ssh
Welcome to Ubuntu 18.04 LTS (GNU/Linux 4.15.0-20-generic x86_64)
```

图 4.33

恭喜！您已经成功安装并运行了 Vagrant Cloud 中的 Vagrant box。现在可以停止该虚拟机、删除 box 或随意测试。

4.4　Vagrant box 的企业级解决方案

如果您正在寻找更多的企业级解决方案来托管和管理您的 box，那么可以使用如下这些服务。

- box 托管。
- box 版本管理。
- 私有 box 访问与安全。
- 本地存储库 box 离线访问。
- 高级、智能搜索。

这种服务的一个例子是 Artifactory，由 JFrog（公司）开发。Artifactory 是一个二进制物料管理工具，它允许您安全地托管物料，版本化地管理 Vagrant box。该工具对安全性的注重通常会吸引需要托管敏感数据的企业用户。

Artifactory 通过使用本地存储库提供一种现场托管。它允许组织内的员工和团队之间共享访问权限，如果需要在本地网络之外共享访问，则可以将这些存储库复制到其他 Artifactory 服务。

根据您的要求和公司规定，这样的解决方案是值得了解的。

4.5　总结

在本章中，我们介绍了 Vagrant box 的方方面面，讲解了什么是 Vagrant box、box 有哪些种类、如何安装 box、如何删除 box、如何管理 box 版本，以及如何创建（重新打包）自己的 box 并将其上传到 Vagrant Cloud；然后我们从 Vagrant Cloud 安装了该 box，并在系统上进行了测试。

在第 5 章中，我们将会关注 Vagrantfile。我们虽然已经简要地提到了这个文件，但是尚未充分利用它。Vagrantfile 用于配置 Vagrant，并且提供强大且易于使用的语法。在第 5 章中，您将学习如何创建 Vagrantfile、如何验证以及使用它的语法。

第 5 章
使用 Vagrantfile 配置 Vagrant

在本章中，我们将重点介绍如何使用 Vagrantfile 配置 Vagrant。我们会重点关注 Vagrantfile 的关键概念，例如其结构与语法。学习完本章，您将了解以下内容。

- 什么是 Vagrantfile。
- 如何新建 Vagrantfile。
- Vagrantfile 结构与语法。
- Vagrantfile 故障排除。

5.1 了解 Vagrantfile

Vagrantfile 是配置 Vagrant 环境的主要方式。这个文件没有扩展名，它就叫 `Vagrantfile`，不是 `.Vagrantfile`，也不是 `vagrantfile.Vagrantfile`。

可以使用 Vagrantfile 管理您的 Vagrant 环境依赖项与设置。最佳方案是每个 Vagrant 项目都有一个自己的 Vagrantfile，并在源码管理中包含 Vagrantfile。

使用 Vagrantfile 的好处之一是能够与使用 Vagrant 的任何其他开发人员共享该文件。

他们可以通过简单地执行 `vagrant up` 命令来引入依赖项（例如其他 box），还可以配置任何配置项，以启动和您的运行环境相同的 Vagrant 环境。

5.1.1　新建 Vagrantfile

在创建我们自己的 Vagrantfile 之前，先来创建一个新的目录。在这个例子中，我们将创建一个名为 `vagrantfiletest` 的新目录，请按如下所示顺序执行命令。

① 执行 `mkdir vagrantfiletest` 命令。

② 执行 `cd vagrantfiletest` 命令。

③ 执行 `vagrant init` 命令。

通过执行 `vagrant init` 命令，在当前目录 `vagrantfiletest` 中初始化一个新的 Vagrantfile，如图 5.1 所示。

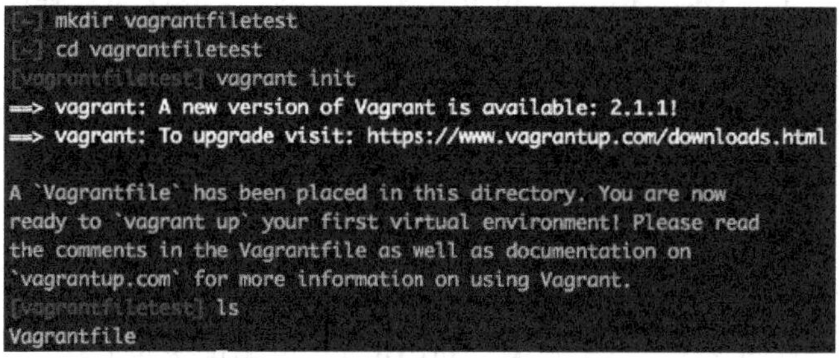

```
[~] mkdir vagrantfiletest
[~] cd vagrantfiletest
[vagrantfiletest] vagrant init
==> vagrant: A new version of Vagrant is available: 2.1.1!
==> vagrant: To upgrade visit: https://www.vagrantup.com/downloads.html

A `Vagrantfile` has been placed in this directory. You are now
ready to `vagrant up` your first virtual environment! Please read
the comments in the Vagrantfile as well as documentation on
`vagrantup.com` for more information on using Vagrant.
[vagrantfiletest] ls
Vagrantfile
```

图 5.1

默认的 Vagrantfile 有一个基本的结构以帮助用户入门。如果您只想创建一个非常小 Shell 环境，那么可以执行 `vagrant init --minimal` 或者 `vagrant init -m` 命令，它们都将生成一个没有注释和其他配置项的基本 Vagrantfile，如下所示。

```
Vagrant.configure("2") do |config|
 config.vm.box = "base"
 end
```

现在让我们了解有关 Vagrantfile 语法的更多信息。

5.1.2　Vagrantfile 语法

Vagrantfile 使用 Ruby 的语法，但不需要用户拥有 Ruby 的使用经验。这种语法用到 Vagrantfile 时，简单且富有表现力，非常容易理解。在大多数情况下，只需设置一个变量和一个值，例如 `config.vm.box="ubuntu/trusty64"`，它将 box 设置为 `ubuntu/ trusty64`，即 64 位 14.04 版本的 Ubuntu 操作系统。

Vagrantfile 配置项包含在 configure 代码块中。第一行是 `Vagrant.configure("2") do |config|`，最后一行是 `end`。在此代码块中，我们可以定义各种值，例如 Vagrant box、网络、文件系统和配置等。

5.2　Vagrantfile 选项

在本节中，我们将介绍可在 Vagrantfile 中配置的几个部分。您将学习如何直接配置虚拟机、配置 provider（VirtualBox），以及让 Vagrant 通过 SSH 或者其他通信程序连接到您的计算机。

5.2.1　Vagrant 机器配置（config.vm）

使用 `config.vm` 命名空间，我们可以查看 Vagrant 关于机器的配置部分，例如 box 信息及其配置，包含同步文件夹、配置、provider。可配置项如下。

- `config.vm.boot_timeout` 用于指定（以秒为单位）Vagrant 会等待机器从启动到可用的最长时间，默认为 300s。
- `config.vm.box` 用于为机器配置特定的 box。您可以引用系统上已经安装的 box 或 Vagrant Cloud 中的 box 名称的简写，例如 `ubuntu/trusty64`。
- `config.vm.box_check_update` 被 `Vagrant` 用来检查您选择的 box 或当前机器使用的 box 是否为最新版。该配置项默认为 `true`，但它只能用来检查某些类型的 box——主要是 Vagrant Cloud box。如果在 Vagrant 启动过程中发现有更新，屏幕上将会展示一条黄色的消息。

- config.vm.box_download_checksum 用来给出并比较 box 的校验和，如果不匹配，则会抛出（throw）一个错误。只有在需要下载 box 时才会执行此检查。该配置需要设置 config.vm.box_download_checksum_type 才会生效。
- config.vm.box_download_checksum_type 指的是校验和的哈希类型。它由 config.vm.box_download_checksum 来使用，支持的类型有 md5、sha1 和 sha256。
- config.vm.box_download_client_cert 用于提供下载 box 时所使用的客户端证书的路径，此配置没有默认值。
- config.vm.box_download_ca_cert 用于提供直接下载 box 时使用的 CA 证书包路径，默认使用 Mozilla CA 证书包。
- config.vm.box_download_ca_path 用于在直接下载 box 时提供包含 CA 证书包目录的路径，同样默认使用 Mozilla CA 证书包。
- config.vm.box_download_insecure 用于验证来自服务器端的 SSL 证书。如果将该配置项设置为 true，则不进行验证；如果 box URL 是 HTTPS，则会验证 SSL 证书。
- config.vm.box_download_location_trusted 被设置为 true 时，信任所有重定向，默认行为是信任任何指定凭据的初始请求。
- config.vm.box_url 用来配置一个指定的 box URL。这与 config.vm.box 类似，但它不支持 Vagrant Cloud 语法的 box 名简写；如果在 Vagrantfile 中设置了 config.vm.box，则无须在此处指定任何值。指定的值可以是单个 URL，也可以是按顺序尝试的多个 URL。如果您已经配置了其他设置（如证书），则这些设置将应用于所有提供的 URL。Vagrantfile 还支持使用 file:// 前缀定位的文件。

- config.vm.box_version 用于指定要使用的 box 版本。Vagrant 将选择有限范围内的最新 box 版本。此配置默认值是大于等于 0，表示可用的最新版本。

- config.vm.communicator 用于设置与虚拟 box 之间的连接类型。其默认值是 ssh，对 Windows 操作系统的虚拟 box，推荐使用 winrm 类型。

- config.vm.graceful_halt_timeout 用于配置 Vagrant 等待机器停止的时间（单位为秒）。它适用 vagrant halt 命令，默认值为 60s。

- config.vm.guest 用于设置将在客户机中运行的操作系统。Vagrant 会尝试自动检测当前使用的操作系统，需要此信息才能执行某些特定于操作系统的配置，例如网络配置。它的默认值为 linux。

- config.vm.hostname 用于设置计算机的主机名。该值应以字符串的形式提供，例如 elite。其默认值为 nil，这意味着 Vagrant 将不会管理主机名。此主机名（如果它是 provider）将在引导期间设置。

- config.vm.network 用于设置机器的网络选项。这个设置有很多选项，将在后面的章节中详细介绍。主要的选项包括 forwarded_port、private_network 和 public_network。每个选项都有可设置的各种子值或子选项。

- config.vm.post_up_message 用于设置在执行 vagrant up 命令后向用户显示的消息。这类似于您登录服务器或者其他软件时看到的通知消息。

- config.vm.provider 用于设置特定 provider 程序使用配置的配置块。不同的 provider 程序支持不同的值，但您可以拥有多个针对不同 provider 程序的配置块。当我们使用 VirtualBox 作为 provider 时，可以设置特定的值。例如，memory 用来设置 RAM；cpus 用来设置 CPU 核心数；gui 设置为 true 时，将会在 GUI 中打开 Vagrant 机器，以便您更方便地与它进行交互。

- config.vm.provision 用于指定可在创建过程中安装和配置软件的配置工具。这是一个非常高级的主题，我们将在后面的章节中介绍。它支持的配置工具包括 Chef、Ansible、Puppet 以及标准脚本。

- config.vm.synced_folder 用于配置您的主机和客户机之间文件夹的同步。这将允许您在主机上创建和编辑文件（文件夹中）并将结果同步到 Vagrant 机器中显示。
- config.vm.usable_port_range 用于指定 Vagrant 可以使用的端口范围。其默认的范围为 220～2250，Vagrant 将使用这些值来解决发生的任何端口冲突。

5.2.2 Vagrant SSH 配置（config.ssh）

我们可以使用 config.ssh 命名空间配置信息来让 Vagrant 通过 SSH 连接到客户机。在这里我们可以找到部分相关值，例如 SSH 用户名、密码、端口和密钥，如下所示。

- config.ssh.username 用于设置 Vagrant 尝试通过 SSH 连接时使用的用户名，默认用户名是 vagrant。
- config.ssh.password 用于设置 Vagrant 尝试通过 SSH 连接时使用的密码。
- config.ssh.host 用于设置 SSH 连接时使用的主机名或者 IP 地址。默认情况下，此值通常为空，因为 provider 程序可以自动检测正确的值。
- config.ssh.port 用于设置 SSH 的端口，默认使用 22 端口。
- config.ssh.guest_port 用于设置 SSH 将在客户机上运行的对端端口号。Vagrant 可以与 config.ssh.port 一起来智能地连接到正确的 SSH 端口，如果有转发端口，通常会使用此选项。
- config.ssh.private_key_path 用于设置连接到计算机时使用的私钥路径，其默认值是 Vagrant 和许多公共 box 使用的非安全密钥。
- config.ssh.keys_only 在当您希望使用 Vagrant 提供的 SSH 密钥时使用，其默认设置为 true。

- config.ssh.verify_host_key 用于确认是否验证主机密钥，其默认值为 false。
- config.ssh.forward_agent 用于确认是否开启 SSH 代理转发，其默认值为 false。
- config.ssh.forward_x11 用于确认是否开启 X11 SSH 转发，其默认值为 false。
- config.ssh.forward_env 用于向客户机提供一组主机环境变量。
- config.ssh.insert_key 如果为 true（默认），则通过 SSH 使用新插入的密钥对来替换掉不安全的默认 Vagrant 密钥对。此选项设置为 true 时，也会与 config.ssh.password 选项一起使用。
- config.ssh.proxy_command 用于通过 stdin 以 SSH 代理的形式来执行命令行命令。
- config.ssh.pty 是不推荐使用的，除非您真的需要使用它。此选项设置为 true 时，将使用 pty 进行配置。pty 可能会破坏 Vagrant 的部分功能，因此在使用它时要格外小心。
- config.ssh.keep_alive 如果设置为 true，则每隔 5s 通过 SSH 发送心跳包来保持活动连接。
- config.ssh.shell 用于设置通过 Vagrant 运行 SSH 命令时使用的 Shell。
- config.ssh.export_command_template 是在活动会话中生成环境变量时使用的模板。
- config.ssh.sudo_command 用于设置运行 sudo 时的命令。默认值是 sudo -E -H %c，其中 %c 是要执行的命令。

- config.ssh.compression 如果设置为 true，则会通过 SSH 连接发送压缩后的配置。要禁用此功能，请将值设置为 false。
- config.ssh.dsa_authentication 如果设置为 true，则通过 SSH 连接时会通过 DSA 认证配置。要禁用此功能，请将值设置为 false。
- config.ssh.extra_args 用于将其他命令传递到 SSH 执行器，它支持单个值或数组。可以发送此消息以启用更多的 SSH 操作，例如反向隧道。

5.2.3 Vagrant 配置（config.vagrant）

使用 config.vagrant 命名空间时，我们将专门研究如何配置 Vagrant。与我们已经看到的其他命令相比，此命名空间中可用的选项不多。config.vagrant 命名空间的命令如下。

- config.vagrant.host 用于设置运行 Vagrant 的主机。其默认值是 detect，它允许 Vagrant 智能地自动检测主机。Vagrant 提供的某些功能是特定于主机的，仅建议在自动检测失败时更改此值。
- config.vagrant.sensitive 用于提供不在 Vagrant 的输出记录中显示的项的列表或数组，这些值通常是密码或密钥。

5.2.4 其他 Vagrantfile 配置

在 Vagrantfile 中还可以配置其他两个命名空间。在本书中，我们不会详细讨论这些，但下面的部分将提供概述。

1. WinRM 配置（config.winrm）

config.winrm 命名空间用于在使用 Windows 客户机时配置 Vagrant。要使用这些设置，必须将 config.vm.communicator 设置为 winrm。

WinRM 配置有大约 12 个不同的选项可用，其中包括 config.winrm.username、

config.winrm.password、config.winrm.port 和 config.winrm.transport。使用 config.winrm 命名空间可以让您在使用 Windows 客户机时更好地控制 Vagrant 的行为。

2. WinSSH 配置（config.ssh 和 config.winssh）

使用 config.ssh 命名空间将用到 WinSSH 软件。该软件用于连接 Openssh 的 Windows-native 端口。Vagrant 的官方文档指出 WinSSH 正处于预发布阶段，还没有准备好在生产环境使用。

WinSSH 配置有大约 17 个不同的选项可用，它们是 config.ssh 和 config.winssh 命名空间的混合，其中包括 config.ssh.username、config.ssh.password、config.winssh. forward_agent、config.winssh.upload_directory 和 config.winssh.export_command_template。

5.3 Vagrantfile 故障排除

一个 Vagrantfile 是一个复杂的配置集合，它包括很多选项，例如基本的字符参数、配置块、列表参数等。写一个 Vagrantfile，然后执行 vagrant up 命令时出错是很常见的。

执行 vagrant up 命令后的一个错误示例如图 5.2 所示。

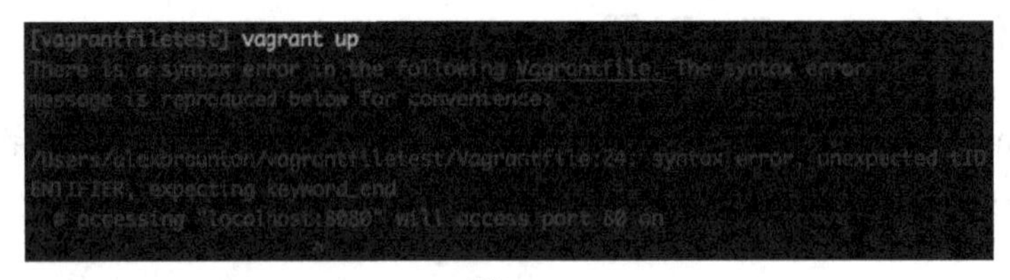

图 5.2

让我们分析一下图 5.2 所示的错误。第一条线索是对行号的引用 Vagrantfile:24;（Vagrantfile 文件的第 24 行）。另外，还给出了错误的类型：syntax error, unexpected tIDENTIFIER, expecting keyword_end # accessing "localhost:8080" will access port 80 on。这可能意味着该配置块的循环没有正确闭合，或者我们

试图设置一个不完整的变量。

在进行任何更改并尝试运行或配置 Vagrant 机器之前，检查 Vagrantfile 的一种简单方法是使用 `vagrant validate` 命令。如图 5.3 所示，您可以看到，使用 `vagrant validate` 命令，我们可以从 Vagrant 获得相同的错误和输出信息。

图 5.3

现在让我们打开这个 Vagrantfile，然后观察一下第 24 行，如图 5.4 所示。

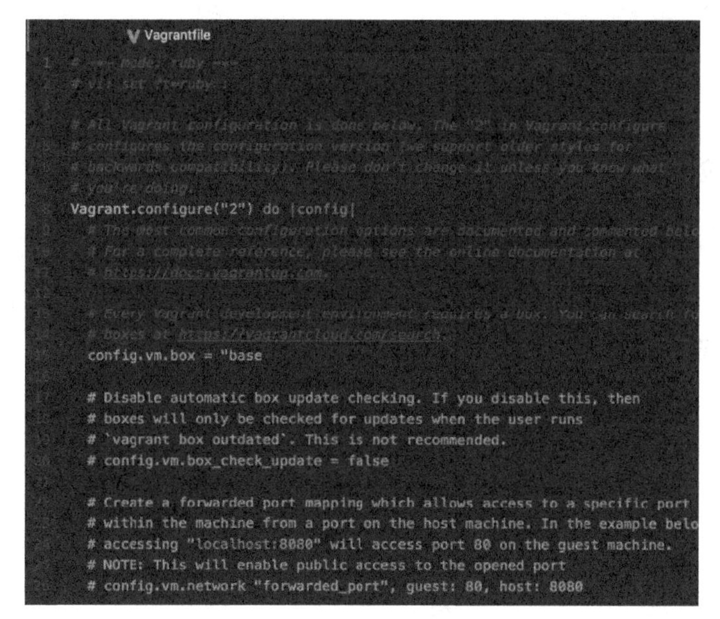

图 5.4

查看第 24 行，我们可以看到错误中提到的 `# accessing "localhost:8080" will access port 80 on`。尽管这只是一条注释，但我们可以看到 `localhost:8080` 值没有在注释中，因为它被双引号（""）引上了。然后我们追溯到文件的开头，我们会看到第 15 行有点奇怪。这里我们可以看到 `config.vm.box = "base`，但该语句没有右双引号（使引号成双）。

让我们在这行末尾添加右双引号（使引号成双），然后保存这个文件，再执行 `vagrant validate` 命令，如图 5.5 所示。

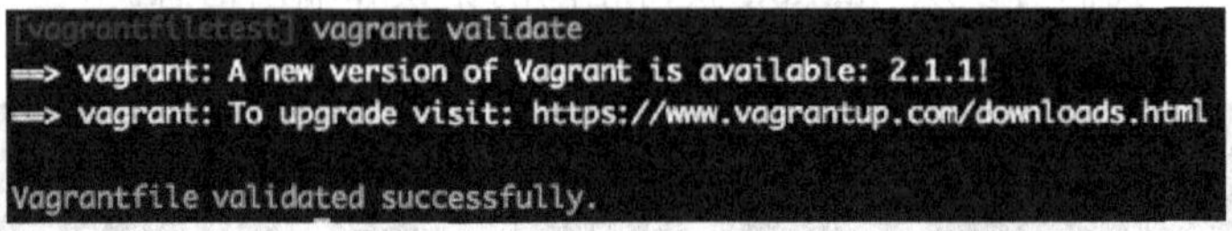

```
[vagrantfiletest] vagrant validate
==> vagrant: A new version of Vagrant is available: 2.1.1!
==> vagrant: To upgrade visit: https://www.vagrantup.com/downloads.html

Vagrantfile validated successfully.
```

图 5.5

正如图 5.5 所示的那样，我们成功地找到错误并修复了它。

5.4　总结

在本章中，我们探索了如何使用 Vagrantfile 来配置 Vagrant 以及部分 Vagrantfile 的知识，例如如何创建 Vagrantfile，它支持的命令、选项、变量、语法和结构等，以及如何进行故障排除。在接下来的章节中，我们将聚焦 Vagrantfile 的特定部分，例如配置管理。

在第 6 章中，我们将讨论 Vagrant 中的网络。我们将讲解 3 种主要的网络配置：端口转发、专用网络和公用网络。

第 6 章 Vagrant 中的网络

在本章中，我们将重点讨论 Vagrant 中的网络。学习完本章，您将对 Vagrant 中可用的不同网络选项有一个很好的了解。您可以简单地使用一些方法（如端口转发）在 Vagrant 中配置网络，或者使用专用和公用网络设置自定义 IP 地址。

您将在本章了解 Vagrant 中的以下 3 种网络类型。

- 端口转发。
- 专用网络。
- 公用网络。

6.1 端口转发

端口转发是一种强大而简单的网络配置方式，使用它不需要掌握任何高级的知识或进行烦琐的配置。

端口转发是将主机上的端口连接到客户机上端口的操作。它是如此简单而强大，可以让您快速启动和运行 Vagrant 机器。

6.1.1　端口转发配置

以下是配置端口转发的步骤。

① 打开 Vagrantfile。执行 `ubuntu/xenial64` 命令和一个基本的 Shell 配置脚本来安装 Nginx Web 服务器，如图 6.1 所示。

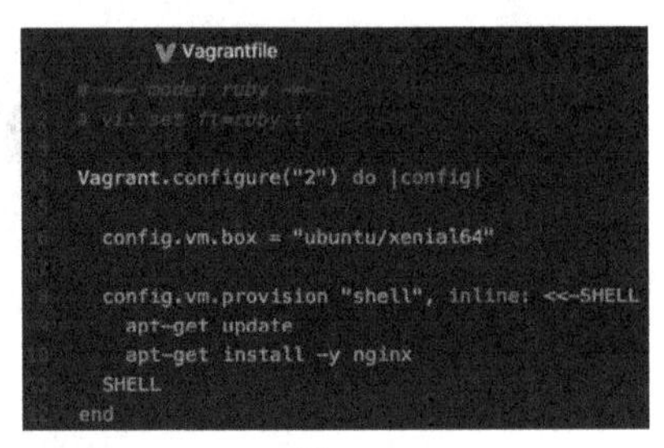

图 6.1

② 在保存 Vagrantfile 之后，执行 `vagrant up` 命令，如图 6.2 所示。

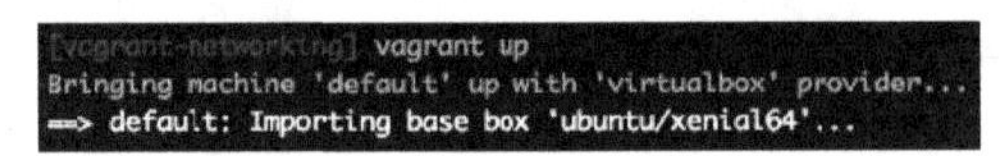

图 6.2

③ box 安装完成且启动后，打开浏览器访问地址 `http://localhost:8080`，如图 6.3 所示。

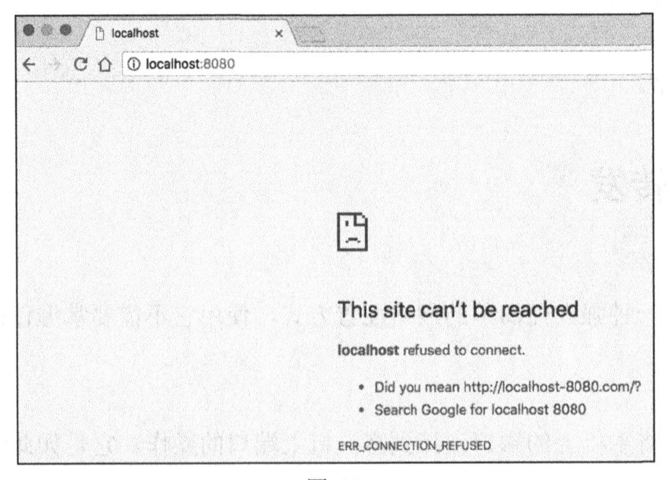

图 6.3

④ Nginx 已经准备就绪了（不过可能并不是 8080 端口），但是您可以看到，我们还不能访问它。这是因为我们还没有配置端口转发，如果进入 Vagrant 机器中，我们可以正常访问 Nginx。

⑤ 执行 vagrant ssh 命令，然后在 Vagrant 机器中执行 curl localhost 命令。这将得到 Nginx 默认的 HTML 返回页面，如图 6.4 所示。

```
vagrant@ubuntu-xenial:~$ curl localhost
<!DOCTYPE html>
<html>
<head>
<title>Welcome to nginx!</title>
<style>
    body {
        width: 35em;
        margin: 0 auto;
        font-family: Tahoma, Verdana, Arial, sans-serif;
    }
</style>
</head>
<body>
<h1>Welcome to nginx!</h1>
<p>If you see this page, the nginx web server is successfully installed and
working. Further configuration is required.</p>

<p>For online documentation and support please refer to
<a href="http://nginx.org/">nginx.org</a>.<br/>
Commercial support is available at
<a href="http://nginx.com/">nginx.com</a>.</p>

<p><em>Thank you for using nginx.</em></p>
</body>
```

图 6.4

⑥ 让我们配置一下端口转发，这样就可以通过主机（Vagrant 之外）来访问页面。

⑦ 退出 Vagrant box，然后打开 Vagrantfile，可以看到以下代码（图 6.5 所示的第 8 行）——config.vm.network "forwarded_port", guest: 80, host: 8080。

现在让我们分析一下刚才添加的那行配置。首先，我们调用 config.vm.network 命名空间，告诉 Vagrant 要更改网络设置。我们传递的第一个参数是 forwarded_port，后面的两个参数是不同的端口号。第二个参数是我们将在客户机（Vagrant box）中访问的端口号。在前面的示例中，我们将访问端口 80，它通常是网站或 Web 服务器的默认端口。最后一个参数是主机端口，它是我们从主机连接到的端口。在示例中，它是 8080，我们可以在地址 http://localhost:8080 访问它，它将连接到 Vagrant 并访问 box 的 80 端口。

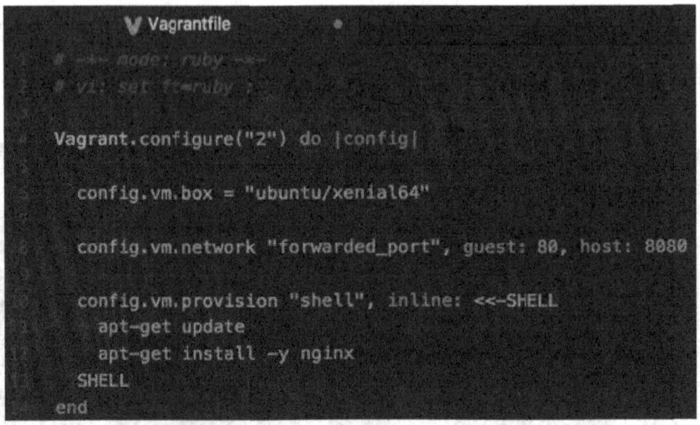

```
Vagrantfile
# -*- mode: ruby -*-
# vi: set ft=ruby :

Vagrant.configure("2") do |config|

  config.vm.box = "ubuntu/xenial64"

  config.vm.network "forwarded_port", guest: 80, host: 8080

  config.vm.provision "shell", inline: <<-SHELL
    apt-get update
    apt-get install -y nginx
  SHELL
end
```

图 6.5

⑧ 保存 Vagrantfile，然后执行 vagrant reload --provision 命令。

⑨ 这会重启 Vagrant 机器，然后强制再次运行配置管理流程。您将会看到图 6.6 所示包含新端口的部分——default: Forwarding ports。

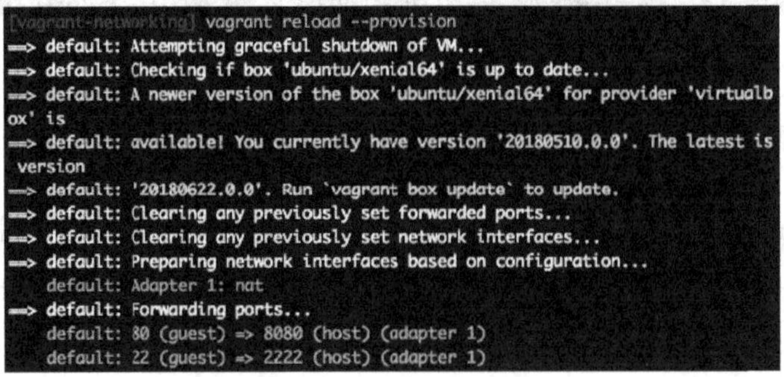

```
[vagrant-networking] vagrant reload --provision
==> default: Attempting graceful shutdown of VM...
==> default: Checking if box 'ubuntu/xenial64' is up to date...
==> default: A newer version of the box 'ubuntu/xenial64' for provider 'virtualb
ox' is
==> default: available! You currently have version '20180510.0.0'. The latest is
 version
==> default: '20180622.0.0'. Run `vagrant box update` to update.
==> default: Clearing any previously set forwarded ports...
==> default: Clearing any previously set network interfaces...
==> default: Preparing network interfaces based on configuration...
    default: Adapter 1: nat
==> default: Forwarding ports...
    default: 80 (guest) => 8080 (host) (adapter 1)
    default: 22 (guest) => 2222 (host) (adapter 1)
```

图 6.6

⑩ 当 Vagrant 机器完成配置管理并启动运行之后，尝试在浏览器中打开地址 localhost:8080，如图 6.7 所示。

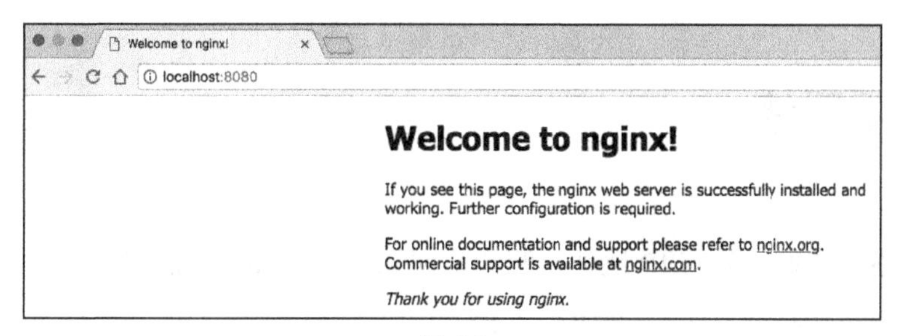

图 6.7

您应该可以看到 **Welcome to nginx!** 默认页面。恭喜您！您已经成功地在 Vagrant box 上配置了端口转发。

6.1.2 端口转发知识点

当我们在 Vagrantfile 中使用端口转发选项时，会发现很多有用的知识点。

您如果要转发多个端口，只需要简单地再创建一行新配置即可。不过如果您有很多端口需要管理，这会显得很乱。针对这个问题，使用后面讲到的公用、专用网络配置更好一些。

有更多选项和参数可用于此配置，具体如下。

- `auto_correct`：端口转发相关配置。如果设置为 `true`，Vagrant 将检查配置的端口是否与已使用的端口冲突。如果有，Vagrant 将自动更改端口号。
- `guest_ip`：要绑定到转发端口的客户机 IP 地址。
- `host_ip`：要绑定到转发端口的主机 IP 地址。
- `protocol`：转发端口允许的协议。可提供 `UDP` 或 `TCP` 作为选项。
- `id`：在 VirtualBox 中可见的规则名称。这将被格式化为`[protocol][guest]`，例如 `udp111`。

这些参数是可选的，但是之前提到的 `guest` 和 `host` 的端口是必须指定的。

6.2 专用网络

专用网络允许通过私有 IP 地址分配和访问您的 Vagrant 机器。例如，您可能在局域网上看到过一个私有 IP 地址，例如 `192.168.1.2`。

与端口转发相比，使用此方法可以在访问 Vagrant 机器时感受到较少的限制。因为默认情况下，您可以访问该本地 IP 地址上的任何可用端口。

使用专用网络时，有两个主要的配置项。您可以允许**动态主机设置协议（Dynamic Host Configuration Protocol，DHCP）**分配 IP 地址，也可以通过添加静态 IP 地址手动选择一个 IP 地址。

6.2.1 DHCP

通过以下步骤来启用 DHCP 选项。

① 必须选择 `dhcp` 作为 `type` 参数的值。在您的 Vagrantfile 中，添加以下行以启用 DHCP 私有网络。

```
config.vm.network "private_network", type: "dhcp"
```

② 保存 Vagrantfile 后，执行 `vagrant up --provision` 命令来查看改动，如图 6.8 所示。

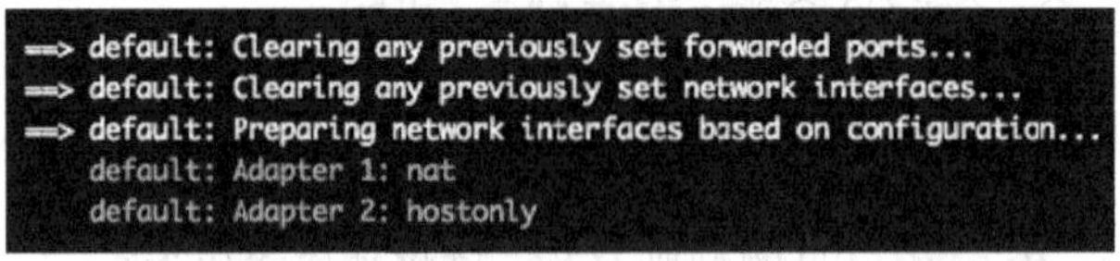

```
==> default: Clearing any previously set forwarded ports...
==> default: Clearing any previously set network interfaces...
==> default: Preparing network interfaces based on configuration...
    default: Adapter 1: nat
    default: Adapter 2: hostonly
```

图 6.8

③ 为了找出新配置下的 Vagrant 机器的 IP 地址，我们必须通过 SSH 进入并查看。

④ 执行 vagrant ssh 命令，进入 Vagrant 机器之后，再执行 ifconfig 命令（这个命令取决于安装的操作系统），图 6.9 所示为示例输出信息。

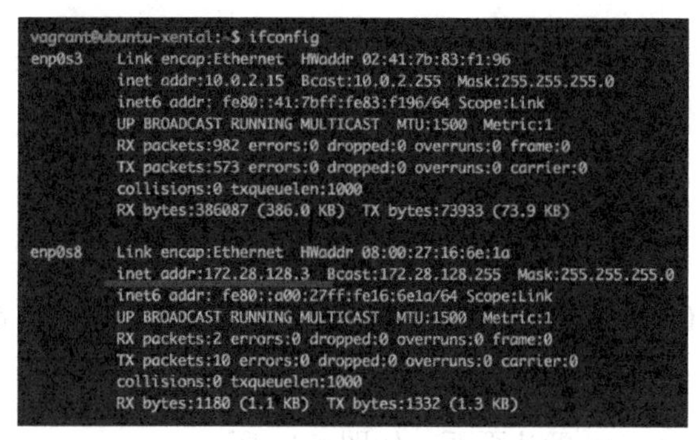

图 6.9

⑤ 在 enp0s8 部分，可以看到一个以 inet addr: 开头的带下画线的值。这是我们的 Vagrant 机器正在使用的私有 IP 地址，该值为 172.28.128.3。让我们看一看现在是否可以通过这个 IP 地址访问机器。

⑥ 打开主机上自带的浏览器，输入在您的 Vagrant 机器中查到的 IP 地址。

这时应保证 Vagrant 机器的 Nginx 配置为 80 端口，您才可以看到结果。

⑦ 图 6.10 所示是我访问到该私有 IP 地址的示例，可以看到从 Vagrant 计算机内部提供的 Nginx Web 服务器的默认页。

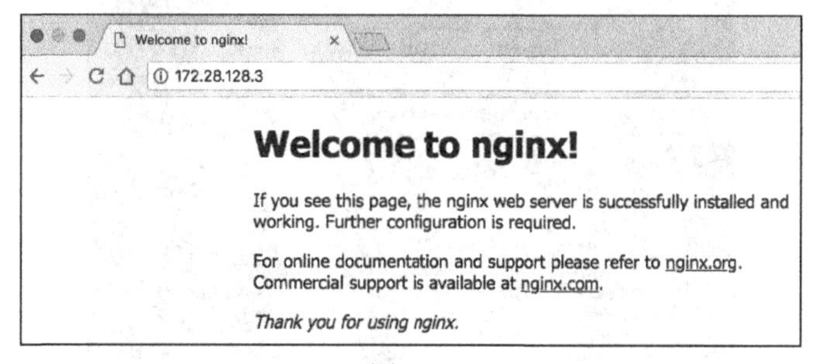

图 6.10

6.2.2　静态 IP

使用静态 IP 配置的步骤如下。

① 输入一个专用 IP 地址作为 `ip` 参数的值。在您的 Vagrantfile 中添加以下行，启用静态 IP 私有网络。

```
config.vm.network "private_network", ip: "10.10.10.10"
```

② 保存 Vagrantfile，然后执行 `vagrant up --provision` 命令应用变更。为了验证变更是否生效，在主机自带的浏览器中输入 IP 地址 `10.10.10.10`，看一看能不能访问 Nginx 默认页面，如图 6.11 所示。

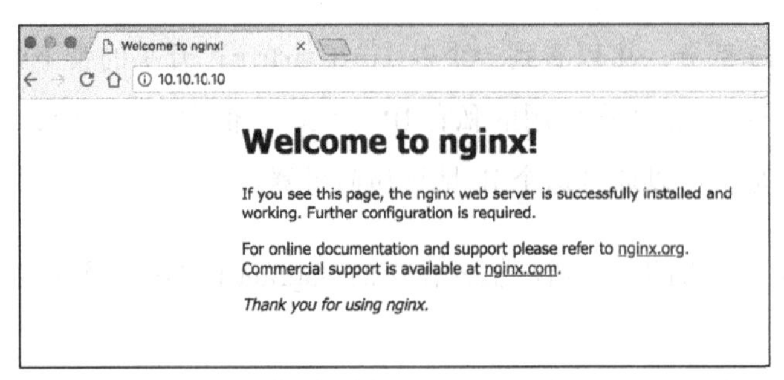

图 6.11

③ 您也可以执行 `vagrant ssh` 命令进入客户机，执行 `ifconfig` 命令（此命令取决于安装的操作系统），在返回的结果中找一下 IP 地址，如图 6.12 所示。

```
vagrant@ubuntu-xenial:~$ ifconfig
enp0s3    Link encap:Ethernet  HWaddr 02:41:7b:83:f1:96
          inet addr:10.0.2.15  Bcast:10.0.2.255  Mask:255.255.255.0
          inet6 addr: fe80::41:7bff:fe83:f196/64 Scope:Link
          UP BROADCAST RUNNING MULTICAST  MTU:1500  Metric:1
          RX packets:1213 errors:0 dropped:0 overruns:0 frame:0
          TX packets:745 errors:0 dropped:0 overruns:0 carrier:0
          collisions:0 txqueuelen:1000
          RX bytes:420984 (420.9 KB)  TX bytes:91167 (91.1 KB)

enp0s8    Link encap:Ethernet  HWaddr 08:00:27:74:8d:fe
          inet addr:10.10.10.10  Bcast:10.10.10.255  Mask:255.255.255.0
          inet6 addr: fe80::a00:27ff:fe74:8dfe/64 Scope:Link
          UP BROADCAST RUNNING MULTICAST  MTU:1500  Metric:1
          RX packets:20 errors:0 dropped:0 overruns:0 frame:0
          TX packets:28 errors:0 dropped:0 overruns:0 carrier:0
          collisions:0 txqueuelen:1000
          RX bytes:1524 (1.5 KB)  TX bytes:1848 (1.8 KB)
```

图 6.12

④ 将（静态 IP）选项用于私有网络时，有可选参数 auto_config 供使用，它允许您启用或禁用自动配置。如果要手动配置网络接口，可以将其设置为 false 以禁用它，使用示例如下。

```
config.vm.network "private_network", ip: "10.10.10.10",
auto_config: false
```

在某些情况下，必须禁用 auto_config 才能使静态 IP 地址正常生效。

6.2.3 IPv6

您还可以在 Vagrantfile 中使用指定格式的 IPv6 地址，示例如下。

```
config.vm.network "private_network", ip: "fd12:3456:789a:1::1"
```

DHCP 选项不支持使用 IPv6 地址，而主机和网络适配器必须支持该地址。值得一提的是，IPv6 的默认子网是 /64。

6.3 公用网络

Vagrant 的公用网络是一个十分让人疑惑的概念。本质上它是专用网络，但是 Vagrant 将尝试允许从主机外部进行公共访问（如果您的 provider 和计算机允许的话），而不仅允许从主机内部进行访问。

通过执行以下步骤，您能够通过本地网络上其他设备的 IP 地址访问您的 Vagrant 机器。首先确保您安装了 Nginx，这样您就可以知道您成功地通过 HTTP 连接到 Vagrant 内的 IP 地址的时间。我可以使用我的智能手机在同一个局域网中查看 Nginx 默认页面。如果使用的是 private_networking 选项，则我的智能手机将无法加载此页面或查找到设备，请求将会超时。

有两种主要的方法可以用来设置公用网络：您可以使用 DHCP 或者手动制定一个静态的 IP 地址。

6.3.1　DHCP

使用公用网络的快速且简单的方法是通过 DHCP 为移动机器分配 IP 地址，其步骤如下。

① 首先在 Vagrantfile 中使用 `config.vm.network "public_network"` 配置。

没必要像使用 DHCP 配置专用网络那样指定 type 变量。

② 执行 `vagrant up --provision` 命令来启动并运行 Vagrant 机器。当我们使用公用网络时，系统将提示选择桥接网络接口。根据您的要求和一些可能的尝试，以及可能产生的错误，选择一个选项。我选择第一个选项 `1) en0: Wi-Fi (Airport)`，如图 6.13 所示。

```
==> default: Clearing any previously set forwarded ports...
==> default: Clearing any previously set network interfaces...
==> default: Available bridged network interfaces:
1) en0: Wi-Fi (AirPort)
2) en1: Thunderbolt 1
3) p2p0
4) awdl0
5) bridge0
==> default: When choosing an interface, it is usually the one that is
==> default: being used to connect to the internet.
    default: Which interface should the network bridge to?
```

图 6.13

③ 为了找出新提供的 Vagrant 机器的 IP 地址，我们必须通过 SSH 进入机器查看。先执行 `vagrant ssh` 命令，然后在 Vagrant 机器中执行 `ifconfig` 命令（此命令取决于安装的操作系统）。

使用 DHCP 时，可以使用一个可选参数，即 DHCP 默认路由分配，在某些情况下可能需要此选项。

④ 此参数的一个例子是将 `config.vm.network "public_network",use_dhcp_assigned_default_route:true` 添加到您的 Vagrantfile 中。

6.3.2 静态 IP

用公用网络配置静态 IP 地址相当简单。首先您必须在 Vagrantfile 中提供 `ip` 参数，然后赋值要使用的 IP 地址。以下是我的 Vagrantfile 配置示例。

```
config.vm.network "public_network", ip: "192.168.1.123"
```

保存 Vagrantfile 文件，然后执行 `vagrant up --provision` 命令启动并运行 Vagrant 机器。因为我们使用公用网络，所以系统将提示您选择桥接网络，根据要求和一些可能的尝试，以及可能出现的错误选择一个选项。我选择第一个选项 `1) en0: Wi-Fi (Airport)`，如图 6.14 所示。

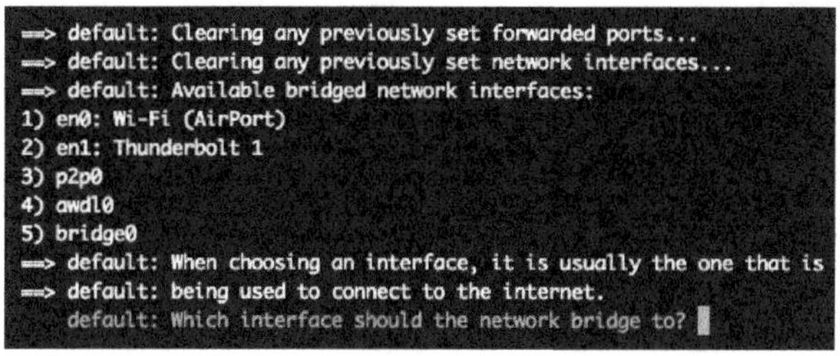

```
==> default: Clearing any previously set forwarded ports...
==> default: Clearing any previously set network interfaces...
==> default: Available bridged network interfaces:
1) en0: Wi-Fi (AirPort)
2) en1: Thunderbolt 1
3) p2p0
4) awdl0
5) bridge0
==> default: When choosing an interface, it is usually the one that is
==> default: being used to connect to the internet.
    default: Which interface should the network bridge to?
```

图 6.14

6.3.3 网桥

正如您在公用网络 DHCP 和静态 IP 地址中看到的那样，当执行 `vagrant up` 或 `vagrant up --provision` 命令时，将要求您选择要使用的网桥。要避免此步骤，您可以在 Vagrantfile 中提供默认网桥作为附加参数：`config.vm.network "public_network", bridge: "en0: Wi-Fi (AirPort)"`。

6.4 总结

在本章中，我们研究了如何在 Vagrant 中配置和管理网络。我们主要关注 3 种可用类型：端口转发、专用网络和公用网络。现在您能够配置 Vagrant 来满足您的网络需求了。

在第 7 章中，我们将了解 Vagrant 的多机器功能。这个特性允许我们在一个 Vagrantfile 中配置和提供多个 Vagrant 机器。我们将创建一个拥有多个 Vagrant 机器的真实场景——其中一个将充当负载均衡器，在两个 Vagrant 机器和一个 Web 服务器之间分配 HTTP 流量。

第 7 章 多机器

在本章中，您将了解 Vagrant 的多机器特性。我们将介绍多机器功能的各个方面，学习完本章，您将了解以下内容。

- 多机器特性。
- Vagrantfile 多机器配置。
- 多机器的网络连接。

7.1 多机器特性

使用 Vagrant 的多机器特性，您可以轻松地在一个 Vagrantfile 中管理多个 Vagrant 机器。如果您希望以与生产环境类似的方式对测试环境进行建模，那么这将非常有用。您可以轻松地分离服务器，如 Web 服务器、文件服务器和数据库服务器。

在本节中，我们将讨论在以下两个用例中使用多机器的具体情况。

- 在第一个用例中将研究如何管理 3 台 Vagrant 机器。我们将创建一个基础的负载均衡器，其中一台机器将服务于两个后台网站机器，用来均衡流量。

- 在第二个用例中将管理两台 Vagrant 机器。我们将创建一个基于 Web 的服务器，它为一个网站和另一个运行 MySQL 数据库的机器服务。Web 所在机器通过与数据库机器通信来显示数据。

7.1.1　多机器负载均衡

在本节中，我们将使用 Nginx 作为 HTTP 负载均衡器，在两个 Nginx Web 机器之间分配流量。我们将使用负载平衡的策略，均匀地分配传入的流量。

在我们为 Ubuntu 16.04 64 位操作系统安装 Nginx 之前，先将 Vagrantfile 设置为包含这 3 台机器。

执行 `vagrant init -m` 命令，创建一个最小的 Vagrantfile，然后编辑 Vagrantfile 并创建 3 个配置块，如下所示。

```
Vagrant.configure("2") do |config|
    # 配置负载均衡器
     config.vm.define "lb1" do |lb1|
    end
    # 配置第一个 Wcb 机器
     config.vm.define "web1" do |web1|
     end
    # 配置第二个 Web 机器
     config.vm.define "web2" do |web2|
    end
end
```

我们创建的 Vagrantfile 有一个主 `config` 块，它封装所有代码和其中的 3 个 `define` 块。在 Vagrant 中设置多台机器非常容易，您所要做的就是定义一台新机器，然后在块中配置该机器。

定义新块时，必须为新机器指定一个名称，该名称将在配置期间代表该新机器。我将第一台机器设置为 `lb1`，它仅代表负载均衡器 1。当使用大型的 Vagrantfile 配置多台机器时，此约定会有所帮助；在多个开发人员同时使用和查看 Vagrantfile 的团队中，此约定也很有用。

想要定义一台新机器，输入下面两行代码即可。

```
config.vm.define "lb1" do |lb1|
 end
```

现在，机器已经配置就绪了！但如果我们执行 `vagrant up` 命令，却什么都不会发生，因为该 box 没有值——我们还没有定义 box、网络、配置或文件处理。

下面让我们通过设置一个 box 和一个 IP 地址来开始配置负载均衡器。这可以通过访问配置块中的 `lb1` 命名空间来完成，如下所示。

```
config.vm.define "lb1" do |lb1|
     lb1.vm.box = "ubuntu/xenial64"
     lb1.vm.network "private_network", ip: "10.0.0.10"
end
```

设置好 `lb1.vm.box` 和 `lb1.vm.network` 的值后，以同样的方式配置两台 Web 机器，注意需配置不同的 IP 地址，这样我们就可以分别访问它们并避免冲突，如下所示。

```
config.vm.define "web1" do |web1|
    web1.vm.box = "ubuntu/xenial64"
    web1.vm.network "private_network", ip: "10.0.0.11"
end
config.vm.define "web2" do |web2|
    web2.vm.box = "ubuntu/xenial64"
    web2.vm.network "private_network", ip: "10.0.0.12"
end
```

至此，我们已经配置了 3 台 Vagrant 机器。在开启测试之前，我们需要先安装 Nginx 并配置其为负载均衡。

让我们创建两个机器配置脚本。（在后面的章节中，我们将更深入地介绍 Shell 脚本，这里先来演示它是如何在多机器环境中工作的。）

在与 Vagrantfile 同级的目录中创建 `lb.sh` 和 `web.sh` 两个脚本。

1. lb.sh

我们先看一下 `lb.sh` 脚本，添加以下行作为文件的内容。

```
#!/bin/bash
echo 'Starting Provision: lb1'
 sudo apt-get update
 sudo apt-get install -y nginx
 sudo service nginx stop
 sudo rm -rf /etc/nginx/sites-enabled/default
 sudo touch /etc/nginx/sites-enabled/default
 echo "upstream testapp {
     server 10.0.0.11;
     server 10.0.0.12;
 }
server {
     listen 80 default_server;
     listen [::]:80 default_server ipv6only=on;
    root /usr/share/nginx/html;
     index index.html index.htm;
    # 网站可访问 http://localhost/
     server_name localhost;
    location / {
         proxy_pass http://testapp;
     }
}" >> /etc/nginx/sites-enabled/default
 sudo service nginx start
 echo "Machine: lb1" > /var/www/html/index.html
 echo 'Provision lb1 complete'
```

在代码片段中有相当多的内容，我们将其分解开来看。

先在 `#!` 后声明运行此脚本的程序的位置，即 `/bin/bash`。

然后，更新 Ubuntu 操作系统，安装 Nginx 并删除 Nginx 的默认配置文件。

接着插入新的配置作为 Nginx 的默认配置，它通过配置两台可用的 Web 服务器（`10.0.0.11` 和 `10.0.0.12`）完成负载均衡的配置。

接下来启动 Nginx 服务（它将会读取新的默认配置文件并应用其中的配置），配置默认入口 HTML 文件，完成配置。

我们在脚本的开头和结束分别打印了 Starting Provision: lb1 和 Provision lb1 complete。这不是必需的，但是当执行 vagrant up --provision 命令时，您可以看到终端打印这两句话，这可以比较直观地显示在当前的配置过程中发生了什么。

2. web.sh

现在来创建 web.sh 的 bash 脚本，它会帮助我们配置 Web 服务器。这个脚本和我们刚才创建的负载均衡器脚本很像，具体内容如下。

```
#!/bin/bash
echo 'Starting Provision: web'$1
 sudo apt-get update
sudo apt-get install -y nginx
echo "<h1>Machine: web"$1 "</h1>" > /var/www/html/index.html
echo 'Provision web'$1 'complete'
```

同样，在代码段中，我们在配置过程的开始和结束部分打印进度。我们先更新 Ubuntu 操作系统并安装 Nginx，然后使用一个基本的标题覆盖默认的 HTML 页面，这将帮助我们区分两个 Web 服务器。

在这个脚本中，您可能注意到我们使用了 $1 语法。在 bash 中可以使用它来取得第一个参数的值。后面我们将会讲解如何对这个脚本传参，这将会帮助我们差异化配置两个 Web 服务器。

3. Vagrant 多机器 Shell 配置

配置好 lb.sh 和 web.sh 两个脚本后，现在将它们添加到 Vagrantfile 中，并启动测试我们的负载均衡应用。

Vagrantfile 的内容如下所示。

```
Vagrant.configure("2") do |config|
    # 配置负载均衡器
     config.vm.define "lb1" do |lb1|
         lb1.vm.box = "ubuntu/xenial64"
         lb1.vm.network "private_network", ip: "10.0.0.10"
         lb1.vm.provision :shell do |shell|
```

```
            shell.path = "lb.sh"
        end
    end
    # 配置第一个 Web 机器
    config.vm.define "web1" do |web1|
        web1.vm.box = "ubuntu/xenial64"
        web1.vm.network "private_network", ip: "10.0.0.11"
        web1.vm.provision :shell do |shell|
            shell.args = "1"
            shell.path = "web.sh"
        end
    end
    # 配置第二个 Web 机器
    config.vm.define "web2" do |web2|
        web2.vm.box = "ubuntu/xenial64"
        web2.vm.network "private_network", ip: "10.0.0.12"
        web2.vm.provision :shell do |shell|
            shell.args = "2"
            shell.path = "web.sh"
        end
    end
end
```

我们可以使用 `.vm.provision` 命名空间来配置一个 box。在前面的示例中，您可以看到我们使用 `shell.args` 的值传入 `web1` 和 `web2`，这些值也可以被传入 `web.sh` 脚本。

现在，保存您的 Vagrantfile 然后执行 `vagrant up --provision` 命令开始配置机器。您可能会注意到，这次启动所花费的时间长了很多，这是因为这次将会启动 3 台机器而不是一台。

在启动过程中，您会注意到我们的 `echo` 语句位于配置过程的不同点，如图 7.1 所示。

```
lb1: Starting Provision: lb1
```

图 7.1

图 7.1 所示内容表示 `lb1` 的配置程序已启动了，图 7.2 所示内容表示 `web2` 配置程序已完成。

```
web2: Provision web2 complete
```

图 7.2

Vagrant 机器启动完毕，下面继续测试负载均衡器。负载均衡器的 IP 地址是 `10.0.0.10`，使用浏览器打开它。您可以看到其中一台 Web 服务器返回的信息，如图 7.3 所示。

图 7.3

现在，如果刷新页面，负载均衡器会将您的请求发送到另一台服务器所在的机器，如图 7.4 所示。

图 7.4

如果您一直刷新页面，请求将在两个 Web 服务器之间往复。您还可以通过 IP 地址直接访问其中一台 Web 机器。例如，如果在 Web 浏览器中访问地址 `http://10.0.0.11`，您将只看到 Web 服务器 1 机器返回的信息，如图 7.5 所示。

图 7.5

恭喜！现在您已经成功地配置了一个包含基本的 HTTP 负载均衡的 Vagrant 多机器环境。

4．多机器 SSH

现在您的机器已经启动并在运行中了，您可能想通过 SSH 进入机器来做一些测试性的改动。我们先尝试执行 `vagrant ssh` 命令，返回了一个错误，如图 7.6 所示。

图 7.6

在这里，我们必须指定一个机器名字，否则 `ssh` 命令不知道我们想连接哪台机器。机器名字即是我们在 Vagrantfile 中定义的名字，例如 `lb1`、`web1`、`web2`。让我们执行 `vagrant ssh lb1` 命令，通过 SSH 进入负载均衡机器，如图 7.7 所示。

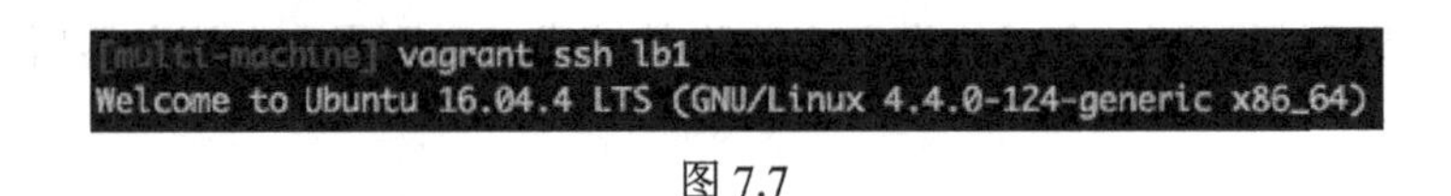

图 7.7

现在您可以通过 SSH 单独操作每台机器。

我们可以通过关闭并销毁机器来完成机器的一个完整生命周期。现在执行 `vagrant halt` 命令关闭 3 台机器，如图 7.8 所示。

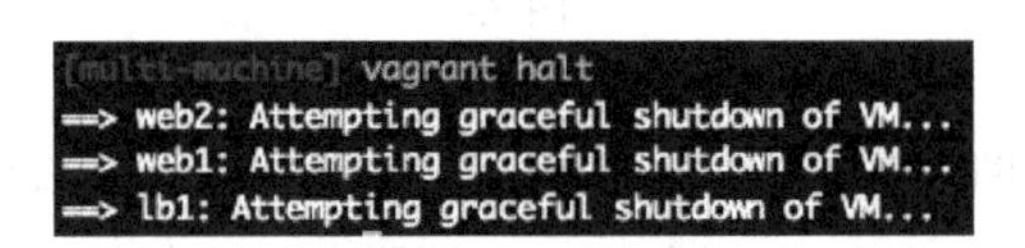

图 7.8

然后，如果您需要的话，可以执行 `vagrant destroy -f` 命令来销毁机器，释放系统内存。在我们的例子中使用了`-f` 标记来直接销毁机器，否则每台机器都需要加一步确认操作。执行结果如图 7.9 所示。

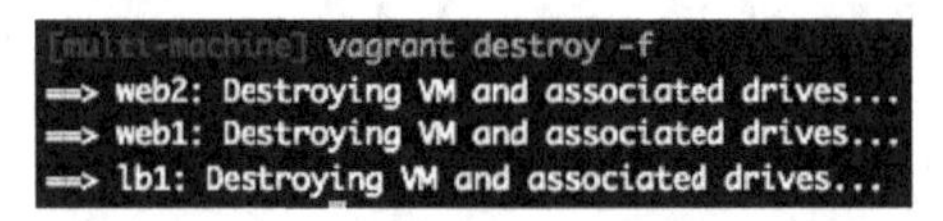

图 7.9

正如您看到的，命令告诉 Vagrant 循环遍历每台机器并销毁它们。

7.1.2 使用 Vagrant 多机器配置功能配置 Web 服务与数据库

在本节中，我们将使用 Vagrant 的多机器特性来创建一组传统的 Web 服务器加数据库架构，我们会安装一台 Web 服务器（Nginx 和 PHP）和一台数据库服务器（MySQL）。

这一步和之前相比比较简单，但是它仍然有助于帮助我们加强对 Vagrant 多机器配置的学习。

首先，我们在新文件夹里创建一个新的 Vagrantfile，可以创建两台机器，如下所示。

```
Vagrant.configure("2") do |config|
    # 配置 Web 服务器
     config.vm.define "web1" do |web1|
         web1.vm.box = "ubuntu/xenial64"
         web1.vm.network "private_network", ip: "10.0.0.50"
         web1.vm.provision :shell do |shell|
             shell.path = "web.sh"
         end
     end
    # 配置数据库服务器
     config.vm.define "db1" do |db1|
         db1.vm.box = "ubuntu/xenial64"
         db1.vm.network "private_network", ip: "10.0.0.51"
         db1.vm.provision :shell do |shell|
             shell.path = "db.sh"
         end
    end
end
```

同样使用 Shell 配置这些机器。我们将为两台 Ubuntu 16.04 box 配置私有网络，每台机器都将获得自己的私有 IP 地址。

1. web.sh

现在我们创建一个 Web 服务器配置脚本来安装 Nginx 和 PHP。在 `web.sh` 文件中，我们输入的内容如下。

```
#!/bin/bash
echo 'Starting Provision: web server'
 sudo apt-get update
 sudo apt-get install -y nginx
 touch /var/www/html/index.php
 sudo apt-get install -y php-fpm php-mysql
 echo 'Provision web server complete'
```

我们需要登录到机器手动进行一些配置的更改，前面的代码片段将为我们提供一个良好的开端。

2．db.sh

现在我们来创建一个数据库配置脚本用于安装 MySQL，在 db.sh 文件中，我们输入的内容如下。

```
#!/bin/bash
echo 'Starting Provision: database server'
 sudo apt-get update
 echo 'Provision database server complete'
```

这个阶段还需要进行一些手动配置，我们可以通过登录到数据库机器来完成。

现在，我们执行 vagrant up --provision 命令，启动 Vagrant 机器。

3．Nginx 和 PHP 配置

下面开始配置 Nginx 和 PHP 所在的 Web 服务机器。首先，执行 vagrant ssh web1 命令登录机器。

登录之后，使用以下命令编辑默认配置文件，完成 Nginx 配置。

```
sudo nano /etc/nginx/sites-available/default
```

现在需要将 PHP 相关配置添加到这个文件中，以允许 Nginx 处理 PHP 文件和代码。我们需要编辑的第一行是索引文件列表，请查找以下行。

```
index index.html index.htm index.nginx-debian.html;
```

修改后的内容如下。

```
index index.php index.html index.htm index.nginx-debian.html;
```

我们需要执行的最后一个更改是添加 PHP 处理相关配置，这要求我们编辑主 server {} 配置块。我们需要编辑的代码如下。

```
#location~\.php$ {
#     include snippets/fastcgi-php.conf;
#
#     # 单独使用 php7.0-cgi alone:
#     fastcgi_pass 127.0.0.1:9000;
#     # 使用 php7.0-fpm:
#     fastcgi_pass unix:/run/php/php7.0-fpm.sock;
#}
```

将前面的代码段更改为以下代码段。

```
location~\.php$ {
     include snippets/fastcgi-php.conf;
    # 使用 php7.0-fpm:
     fastcgi_pass unix:/run/php/php7.0-fpm.sock;
}
```

现在保存并关闭文件。可以执行 sudo nginx -t 命令来测试刚刚编辑的配置文件的代码和语法，成功消息如图 7.10 所示。

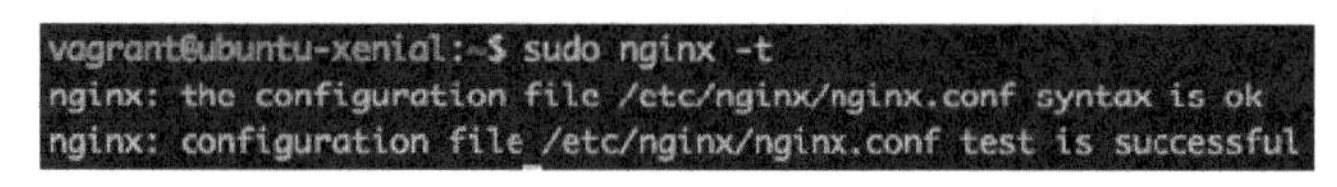

图 7.10

现在重新启动 Nginx 以应用新设置，请执行以下命令。

```
sudo systemctl reload nginx
```

为了确认 PHP 已经安装并正常工作，在 /var/www/html 目录中创建一个

test.php 文件，内容如下。

```
<?php
phpinfo();
?>
```

保存文件并在机器上访问地址 http://10.0.0.50/test.php，您可以看到 PHP 的 info 页面，如图 7.11 所示。

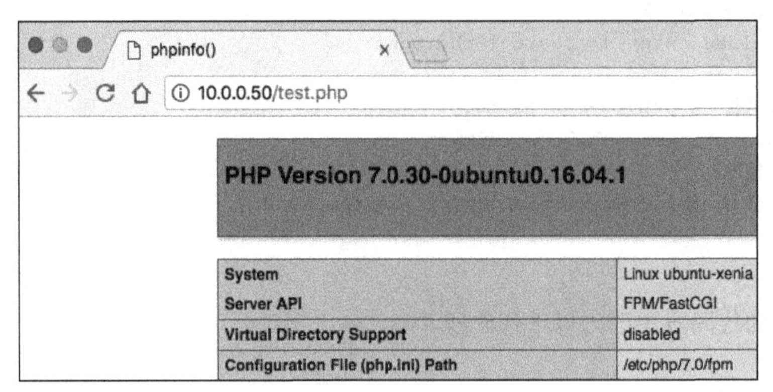

图 7.11

现在继续编辑 test.php 文件的内容。我们要创建一个基本的 PHP 脚本，连接到 MySQL 数据库并检索一些数据。编辑文件，加入以下代码段。

```
<?php
$conn = new mysqli("10.0.0.51", "external", "password", "VagrantDatabase");
$result = $conn->query("SELECT VagrantText FROM VagrantTable WHERE
VagrantId = 1");
while($row = $result->fetch_assoc()) {
     echo $row['VagrantText'];
 }
?>
```

这是一个非常基础的脚本，可以帮助您开始学习。但此脚本不安全，不建议在生产环境中使用此脚本。

在继续之前，我们需要在另一台 Vagrant 机器上配置 MySQL 服务，否则 PHP 脚本将会报错，提示没有可用的数据库。

4. MySQL 配置

让我们通过安装和配置 MySQL 数据库来完成配置。在本节末尾，您将看到最终版的可以正常工作的代码，还可以看到 Web 服务器通过 PHP 正常访问数据库服务器。

再次建议您不要在生产环境中使用此设置。此设置没有遵循安全原则，只使用了基本配置进行设置。

按照以下步骤配置 MySQL 数据库。

① 执行 `vagrant ssh db1` 命令，进入数据库所在的机器。

② 执行 `run sudo apt-get install mysql-server` 命令，安装 MySQL。

现在将要求设置 root 账户密码，您可以随便设置（请确保此数据库不会被用于生产环境），接着会要求您重复输入以确认密码。

现在您可以执行 `mysql -u root -p` 命令，然后输入刚才设置的 root 账户密码来登录 MySQL。

现在必须创建一个基本的 MySQL 用户，该用户具有可以被 localhost 以外的地址或网络访问的正确权限。如果不这样做，我们将无法从 web1 机器访问数据库，因此请执行以下命令。

```
CREATE USER 'external'@'localhost' IDENTIFIED BY 'password';
GRANT ALL PRIVILEGES ON *.* TO 'external'@'localhost' WITH GRANT OPTION;
CREATE USER 'external'@'%' IDENTIFIED BY 'password';
GRANT ALL PRIVILEGES ON *.* TO 'external'@'%' WITH GRANT OPTION;
FLUSH PRIVILEGES;
```

现在可以创建一张表，然后插入一些测试数据，这些数据将会被 web1 机器上的 PHP 访问到。执行以下命令来创建一个新的数据库和表，然后插入一些数据。

```
CREATE DATABASE VagrantDatabase;
USE VagrantDatabase;
CREATE TABLE VagrantTable (VagrantId int, VagrantText varchar(255));
INSERT INTO VagrantTable (VagrantId, VagrantText) VALUES (1, "This text is
from MySQL");
```

退出 MySQL CLI 工具。现在必须进行最后一步配置，以允许从 web1 机器连接此 MySQL。编辑 mysqld.cnf 配置文件，可以通过执行以下命令来完成。

```
sudo nano /etc/mysql/mysql.conf.d/mysqld.cnf
```

找到如下代码。

```
bind_address = 127.0.0.1
```

修改后的内容如下。

```
bind_address = 0.0.0.0
```

现在可以保存文件并执行以下命令，这将重新启动 MySQL，使其应用新配置。

```
sudo service mysql restart
```

现在我们可以退出 MySQL CLI 工具，然后通过地址 http://10.0.0.50/test.php 来访问数据库，如图 7.12 所示。

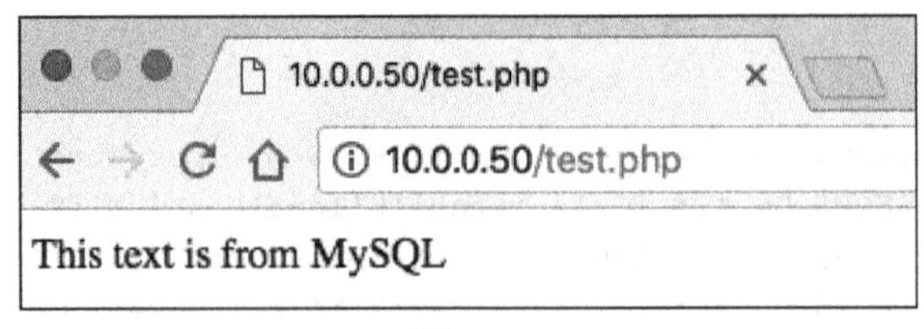

图 7.12

恭喜！您已经成功地配置了 Vagrant 多机器架构，它使用两台机器分别作为 Web 服务器和数据库服务器。

7.2 总结

在本章中，我们讲解了 Vagrant 的多机器特性，然后创建了两个用例并进行了测试：由 3 台机器组成的负载均衡，以及由两台机器组成的 Web 服务器与数据库架构。

在第 8 章中，我们将会讲解 Vagrant 插件，以及如何在主机和 Vagrant 的客户机之间同步文件。

第 8 章 探索 Vagrant 插件与文件同步

在本章中，我们将介绍 Vagrant 强大的附加特性。我们将讲解 Vagrant 插件，以及如何在主机和客户端之间同步文件。学习完本章，您将了解以下内容。

- Vagrant 插件。
- 管理 Vagrant 插件。
- Vagrant plugin 命令与子命令。
- 查找、安装和使用 Vagrant 插件。
- Vagrant 文件同步。
- 3 种文件同步方法——共享文件夹、RSync 以及 NFS。

8.1 了解 Vagrant 插件

Vagrant 提供了很多选项与特性，但是当您需要一些 Vagrant 不能满足的功能时，可以以插件的形式来扩展 Vagrant。Vagrant 提供了一个功能和鲁棒性强大的内部 API，它易于使用，并且开发起来很灵活。实际上，Vagrant 的许多核心特性都使用了自己的 API。

8.1.1 Vagrant 插件概述

一个 Vagrant 插件包括多个部分，一部分用于插件开发，其他部分则满足插件的一般用途。这里，我们关注两个核心的元素：**Gem** 和 **Bundler**。

1. Gem

Gem 是用 Ruby 语言编写的一个特定文件，它使用`.gem`扩展名。Gem 文件由以下 3 部分组成：用于逻辑、测试和应用程序的代码，文档，以及包含作者信息和其他元数据的 gemspec。Gem 文件是 Vagrant 插件的核心部分，是在 Vagrant 机器中使用插件时运行的代码。

2. Bundler

Bundler 是一个应用程序，Vagrant 使用它来管理插件和插件之间的依赖关系。在 Ruby 项目中经常使用它来管理 Gem 和 Gem 版本控制。当 Vagrant 插件安装失败时，您经常会在控制台中看到 Bundler 的输出信息。因为 Vagrant 插件是用 Ruby 语言编写并保存为 Gem 文件的，所以使用 Bundler 是一个不错的选择。

8.1.2 管理 Vagrant 插件

在本节中，我们将介绍一般的插件管理操作，包括安装和卸载。管理 Vagrant 插件时最有用的是`list`命令。执行以下命令查看您的系统上安装了哪些插件。

```
vagrant plugin list
```

有可能您没有安装任何插件，那么，您将看到一条`No plugins installed`的消息。如果安装了插件，那么您将看到类似以下内容的插件列表，如图 8.1 所示。

```
[vagrant-plugins-sync] vagrant plugin list
vagrant-hostsupdater (1.1.1.160)
```

图 8.1

要开始使用 Vagrant 插件，必须先在系统上安装它。目前有两种安装插件的方法：

使用本地文件安装或从已知的 Gem 源安装。下面让我们来探索一下这两种方法。

1. 使用本地文件安装 Vagrant 插件

使用本地文件安装插件非常快速且容易。假设有一个本地文件，它可能是您自己开发的插件代码，或者来自您的朋友或您的公司。

这个本地文件使用 `.gem` 扩展名。要安装该插件，必须知道它与要安装和使用该插件的文件夹的相对路径。假设我要安装的这个叫作 `testplugin.gem` 的插件可以在当前 Vagrant 项目目录的 `test-plugin` 文件夹中找到。则安装命令如下所示。

```
vagrant plugin install /test-plugin/testplugin.gem
```

现在 Vagrant 和 Bundler 将尝试定位并安装插件。如果找不到，您将收到以下错误消息，如图 8.2 所示。

图 8.2

如果这个插件有问题，例如 Gem 文件语法错误，您将会看到类似图 8.3 所示的错误。

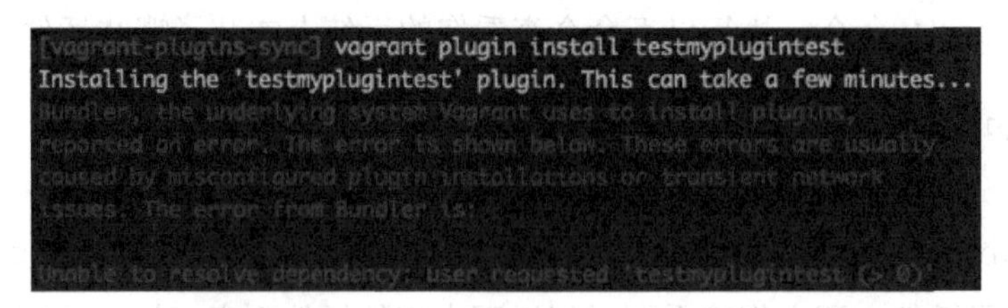

图 8.3

2. 从已知的 Gem 源安装 Vagrant 插件

第二种安装插件的方法是从已知的 Gem 源安装。它是一个远程仓库，Bundler 系统将尝试从中定位和安装 Gem 文件。目前流行的 Gem 源是 RubyGems，这是一个 Ruby Gem 托管服务。

让我们通过这种方式安装一个新插件，命令如下。

```
vagrant plugin install vagrant-hostsupdater
```

接下来您将了解有关安装插件和管理插件的更多信息。

8.1.3 Vagrant 中的 plugin 命令与子命令

Vagrant 中的 plugin 命令提供了许多子命令。我们已经在第 3 章中介绍了这些命令，现在将来使用这些命令。

您可以通过执行 `vagrant plugin help` 命令来查看插件命令列表，下面让我们更深入地了解一下可用的插件子命令。

- 要删除所有用户安装的插件和插件数据，请执行 `vagrant plugin expunge` 命令。
- 要安装插件，请执行 `vagrant plugin install` 命令。如果需要其他参数，可以执行 `vagrant plugin install -h` 命令来查看。
- 要为专有的 Vagrant 插件安装许可证，请执行 `vagrant plugin license` 命令。如果需要添加其他参数，可以执行 `vagrant plugin license -h` 命令来查看。
- 要查看 Vagrant 插件列表，请执行 `vagrant plugin list` 命令。
- 要修复一个损坏的插件或者修复安装时出现的问题，可执行 `vagrant plugin repair` 命令。
- 要卸载一个 Vagrant 插件，请执行 `vagrant plugin uninstall` 命令。如果需要其他参数，可以执行 `vagrant plugin uninstall -h` 命令来查看。
- 要更新 Vagrant 插件，请执行 `vagrant plugin update` 命令。如果需要其他参数，可以通过执行 `vagrant plugin update -h` 命令来查看。

在接下来的内容中，我们将在更真实的场景中使用这些命令，并学习如何与 Vagrant 插件交互。

8.1.4　Vagrant 插件的搜索、安装与使用

在本节，我们将讲解如何搜索、安装和使用 Vagrant 插件，这将使您对 Vagrant 插件有更好的了解。本节也提供了一些提示来帮助您找到一个合适的插件。

虽然没有官方的插件仓库或网站可以查看 Vagrant 插件（就像 Vagrant box 的 Vagrant Cloud 那样），但以下网站可以帮助您找到合适的插件。

- RubyGems。
- GitHub。
- 搜索引擎。
- 网上社区更新维护流行插件列表的 GitHub 地址。

RubyGems 和 GitHub 都是基于代码托管的网站，它们提供了强大的搜索功能。Google 等搜索引擎在搜索插件时非常有用，可以尝试使用不同的关键字来查找符合您要求的插件。有一些网上社区也会定期更新流行的插件列表。如果要寻找一个插件来管理 Vagrant 中的 DNS 或与之交互，可以试一试 `vagrant plugin dns` 或 `vagrant dns plugins` 命令。

1. 安装 Vagrant 插件

下面让我们尝试从 RubyGems 网站安装一个插件。我搜索了 `vagrant` 关键字，找到了一个名为 **vagrant-hostsupdater** 的插件，它的版本是 `1.1.1.160`，下载量超过 40 万次，如图 8.4 所示。

vagrant-hostsupdater 1.1.1.160　　**411,701** DOWNLOADS
Enables Vagrant to update hosts file on the host machine

图 8.4

这个插件会试图编辑您的/etc/hosts文件，分别在创建和销毁 Vagrant 机器时添加和删除主机。这意味着您可以通过域名（如 machine.dev，而不是 192.168.10.10）来访问 Vagrant 机器。

我们可以通过以下命令来安装这个插件。

```
vagrant plugin install vagrant-hostsupdater
```

您能看到类似图 8.5 所示的输出信息。

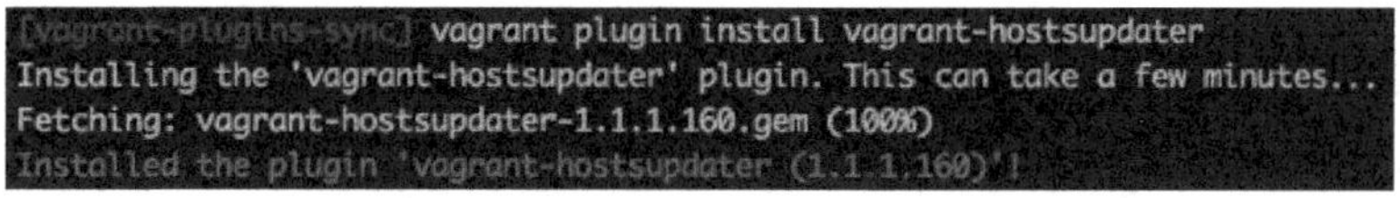

```
[vagrant-plugins-sync] vagrant plugin install vagrant-hostsupdater
Installing the 'vagrant-hostsupdater' plugin. This can take a few minutes...
Fetching: vagrant-hostsupdater-1.1.1.160.gem (100%)
Installed the plugin 'vagrant-hostsupdater (1.1.1.160)'!
```

图 8.5

我们可以通过执行 vagrant plugin list 命令来验证插件是否安装成功，如图 8.6 所示。

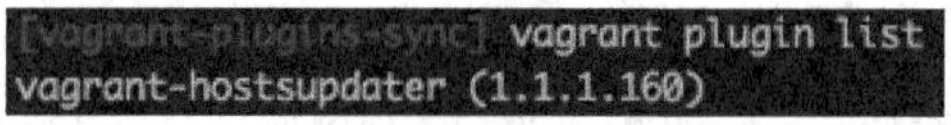

```
[vagrant-plugins-sync] vagrant plugin list
vagrant-hostsupdater (1.1.1.160)
```

图 8.6

现在我们使用并测试一下这个 Vagrant 插件。这个特定的插件是在 Vagrantfile 中配置的，让我们从创建一个基本 box 开始。

① 执行 vagrant init -m 命令。

② 编辑 Vagrantfile，代码如下。

```
Vagrant.configure("2") do |config|
  config.vm.box = "ubuntu/xenial64"
  config.vm.network :private_network, ip: "192.168.100.23"
  config.vm.hostname = "vagrant.dev"
  config.vm.provision "shell", inline: <<-SHELL
    sudo apt-get update
    sudo apt-get install -y nginx
  SHELL
end
```

我们创建了一个基本的 Vagrant 机器来测试插件。我们主要关注 config.vm.network 和 config.vm.hostname 这两项，因为它们是插件所必需的。

我们已经创建了一个操作系统为 Ubuntu 的机器，它使用一个私有的静态 IP 地址，并将 vagrant.dev 作为主机名，同时还通过一个基本的 Shell 配置程序来更新系统和安装 Nginx Web 服务器。这样，在安装并运行 Nginx 后，我们将能够快速、轻松地访问端口 80 上的默认页面。

③ 执行 vagrant up --provision 命令让 box 启动并运行起来。

现在，您可以看到来自 [vagrant hostupdater] 插件的消息，它将尝试在 /etc/hosts 文件中写入机器的 IP 地址和主机名的映射。hosts 文件是一个重要的系统文件，需要 root 权限才能编辑。输入主机的 root 账户密码进行确认，如图 8.7 所示。

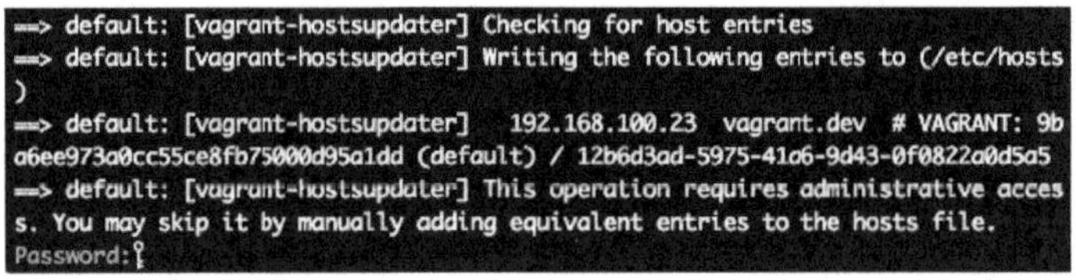

```
==> default: [vagrant-hostsupdater] Checking for host entries
==> default: [vagrant-hostsupdater] Writing the following entries to (/etc/hosts
)
==> default: [vagrant-hostsupdater]   192.168.100.23  vagrant.dev  # VAGRANT: 9b
a6ee973a0cc55ce8fb75000d95a1dd (default) / 12b6d3ad-5975-41a6-9d43-0f0822a0d5a5
==> default: [vagrant-hostsupdater] This operation requires administrative acces
s. You may skip it by manually adding equivalent entries to the hosts file.
Password:
```

图 8.7

④ 为了测试插件是否能工作，可以在启动 Vagrant 机器之前检查 /etc/hosts 文件，如图 8.8 所示。如果您以前编辑过该文件，可能会看到更多条目。

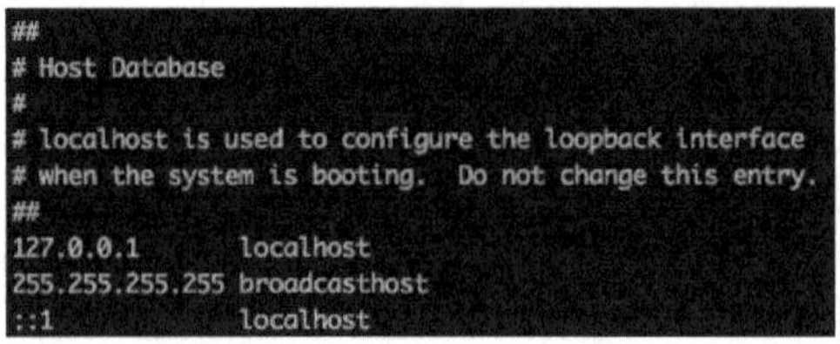

```
##
# Host Database
#
# localhost is used to configure the loopback interface
# when the system is booting.  Do not change this entry.
##
127.0.0.1       localhost
255.255.255.255 broadcasthost
::1             localhost
```

图 8.8

⑤ 一旦输入了 root 账户密码并且插件成功地写入了 /etc/hosts 文件，您就可以在 vagrant up 启动过程中看到图 8.9 所示的消息。

```
==> default: Setting hostname...
```

图 8.9

⑥ 一旦机器启动并运行，就可以再次检查 /etc/hosts 文件以查看是否添加了新条目。所有新条目都会添加到文件底部。在图 8.10 所示内容中可以看到，我们的条目在最后，IP 地址是 192.168.100.23，主机名是 vagrant.dev。该插件还使用 # 字符添加了注释。

```
##
# Host Database
#
# localhost is used to configure the loopback interface
# when the system is booting.  Do not change this entry.
##
127.0.0.1       localhost
255.255.255.255 broadcasthost
::1             localhost
192.168.100.23  vagrant.dev  # VAGRANT: 9ba6ee973a0cc55ce8fb75000d95a1dd
```

图 8.10

⑦ 现在让我们测试一下请求主机名，看一看会返回什么。在终端中执行 curl vagrant.dev 命令，它将尝试加载对应 URL 并返回内容。我们可以看到返回了默认的 Nginx 页面，如图 8.11 所示。

```
[vagrant-plugins-sync] curl vagrant.dev
<!DOCTYPE html>
<html>
<head>
<title>Welcome to nginx!</title>
<style>
    body {
        width: 35em;
        margin: 0 auto;
        font-family: Tahoma, Verdana, Arial, sans-serif;
    }
</style>
</head>
<body>
<h1>Welcome to nginx!</h1>
<p>If you see this page, the nginx web server is successfully installed and
```

图 8.11

⑧ Ping 主机名可以查看是否存在实时连接或数据包丢失，还可以看到连接花费时间。由于机器是本地的，因此查询速度很快（不到 1 ms），我们将看到本例中返回的 IP 地址是 192.168.100.23，如图 8.12 所示。

```
[vagrant-plugins-sync] ping -c 4 vagrant.dev
PING vagrant.dev (192.168.100.23): 56 data bytes
64 bytes from 192.168.100.23: icmp_seq=0 ttl=64 time=0.398 ms
64 bytes from 192.168.100.23: icmp_seq=1 ttl=64 time=0.495 ms
64 bytes from 192.168.100.23: icmp_seq=2 ttl=64 time=0.708 ms
64 bytes from 192.168.100.23: icmp_seq=3 ttl=64 time=0.546 ms

--- vagrant.dev ping statistics ---
4 packets transmitted, 4 packets received, 0.0% packet loss
round-trip min/avg/max/stddev = 0.398/0.537/0.708/0.112 ms
```

图 8.12

⑨ 使用 `vagrant halt` 命令关闭机器时，您将在终端中看到该插件开始工作，并从 `/etc/hosts` 文件中删除对应条目。您需要再次输入 root 账户密码，如图 8.13 所示。

```
[vagrant-plugins-sync] vagrant halt
==> default: Attempting graceful shutdown of VM...
==> default: [vagrant-hostsupdater] Removing hosts
Password:
```

图 8.13

2．卸载一个 Vagrant 插件

现在让我们卸载 `vagrant-hostsupdater` 插件，可以通过执行 `vagrant plugin uninstall vagrant-hostsupdater` 命令来实现，如图 8.14 所示。如果不确定插件的名称，可以先执行 `vagrant plugin list` 命令查看系统上可用插件的列表。插件被卸载后，您可以看到 `Successfully uninstalled` 提示。

```
[vagrant-plugins-sync] vagrant plugin uninstall vagrant-hostsupdater
Uninstalling the 'vagrant-hostsupdater' plugin...
Successfully uninstalled vagrant-hostsupdater-1.1.1.160
```

图 8.14

还可以执行 `vagrant plugin list` 命令来确认插件是否已经被成功移除。我们可以看到，返回了 `No plugins installed` 的信息（需要您的系统没有安装其他插件），如图 8.15 所示。

```
[vagrant-plugins-sync] vagrant plugin list
No plugins installed.
```

图 8.15

8.2 Vagrant 文件同步

同步文件即在您的主机和 Vagrant 中运行的客户端之间共享文件。它允许您编辑主机上的文件，并查看客户端中的更改，反之亦然。

同步文件提供了 5 种实现方法。

- 基本同步法。
- SMB。
- VirtualBox。
- RSync。
- NFS。

在本节中，我们将介绍基本同步法、RSync 和 NFS。

设置同步文件

首先执行 `vagrant init-m` 命令创建一个 Vagrantfile。我们将从基本同步法开始介绍，然后介绍 RSync 方法，最后介绍 NFS 方法。

我们将在主机系统上创建一个文件，对其内容进行一些更改，然后在 Vagrant 机器中查看该文件。我们将在 Vagrant 机器上编辑该文件，并在主机上查看其更改。这将证明文件可以在主机和 Vagrant 机器之间双向编辑。

我们需要在 Vagrantfile 中创建和编辑 `config.vm.synced` 文件夹。

1. 文件的基本同步法

在 Vagrant 中，文件的基本同步很容易设置。我们可以从一个基本的 Vagrantfile

文件开始设置。

```
Vagrant.configure("2") do |config|
    config.vm.box = "ubuntu/xenial64"
    config.vm.synced_folder ".", "/home/vagrant/files"
end
```

请看第 3 行，synced_folder 配置有两个参数。第一个参数是主机上的文件夹，第二个参数是 Vagrant 计算机中的文件夹。

在这个例子中，我们将第一个参数设置为"."，这是 Vagrantfile 在主机上所在的目录。第二个参数我们设置为"/home/vagrant/files"。

Vagrant 机器上的默认文件夹是/home/vagrant，但是如果尝试将其设置为第二个参数，将无法通过 SSH 访问 Vagrant 机器，因为在/home/vagrant/.ssh/authorized_keys 上有我们从主机访问 Vagrant 机器必备的 SSH key。

现在测试一下新文件夹的同步配置。

执行 vagrant up --provision 命令，您将会看到图 8.16 所示的输出信息。

图 8.16

我们可以通过 SSH 进入 Vagrant 机器，查看 files 文件夹是否被创建。执行 ls 命令，列出当前目录的文件夹和文件。您可以看到 files 文件夹，如图 8.17 所示。

图 8.17

在 files 文件夹中创建一个文件，步骤如下。

- 执行 cd files 命令，进入文件夹。

- 执行 `touch test-file.txt` 命令，创建一个文本文件。
- 执行 `echo "Hello from Vagrant!" > test-file.txt` 命令，在文本文件中添加一些内容。

执行 `exit` 命令退出 Vagrant 机器，现在可以在主机目录中搜索该文件。您可以使用终端或文本编辑器来完成此操作，我将使用 Atom 文本编辑器。

可以看到我们在目录中创建的文件及其内容，如图 8.18 所示。

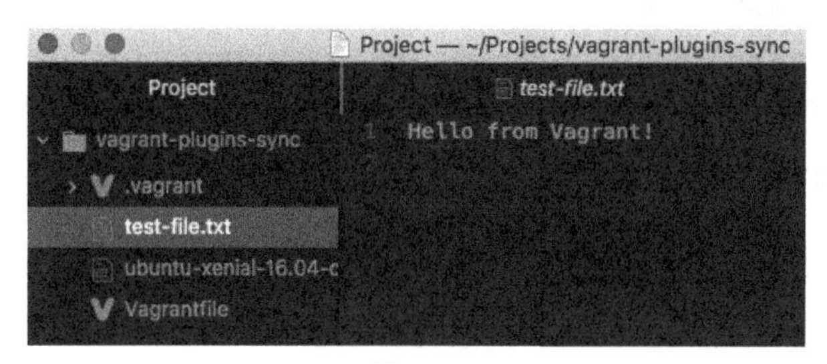

图 8.18

恭喜！您已经成功地配置了同步文件，并在主机和 Vagrant 机器之间同步了一个文件。

2．使用 RSync 方法同步文件

使用 RSync 同步方法时，设置会稍微复杂一些。当其他文件同步方法（基本同步法和 NFS 方法）不可用时，可以使用 RSync 方法。

要使用 RSync 方法，只需要在 Vagrantfile 中的 `config.vm.synced_folder` 选项上附加一个参数，代码如下。

```
config.vm.synced_folder ".", "/home/vagrant/files", type: "rsync"
```

要使用这个选项，主机和 Vagrant 机器都需要安装有 RSync 工具。如果可以，Vagrant 会尝试在 Vagrant 机器安装 RSync 工具，如果不成功，则会抛出一个错误。

还有其他参数可用于 RSync 选项，具体请查看官方文档最新列表，其中包括排除某些文件的功能等。

使用 Rsync 方法通常会从主机到客户机进行一次性同步，除非将 Vagrantfile 中的 rsync_auto 选项设置为 false。这个值默认是 true，但是可以通过设置为 false 来更改。

3. 使用 NFS 方法同步文件

使用 NFS 方法作为在主机和 Vagrant 机器之间同步文件的解决方案在性能上很有优势，可以更好地满足您的需要。

在 Vagrant 中使用 NFS 方法同步文件与使用基本同步法非常相似。我们只需要在 Vagrant 文件的 config.vm.synced_folder 选项后添加一个额外的参数即可，如下所示。

```
config.vm.synced_folder ".", "/home/vagrant/files", type: "nfs"
```

我们添加了值为 nfs 的 type 选项。注意，要使其生效，Vagrant 机器中的操作系统必须支持 NFS。

主机必须也通过运行 NFS 守护进程（nsfd 包）来支持 NFS，它是在 macOS 上预装的，如果您的主机运行的是 Linux，则可能需要先安装它。

Vagrant NFS 同步文件功能在操作系统为 Windows 的主机上不起作用。如果您试图在 Vagrantfile 中配置它，Vagrant 将忽略此操作。如果将 VirtualBox 用作 provider，则在使用 NFS 时还需要配置私有网络。如果您使用的是 VMware，则无须担心以上问题。

8.3 总结

在本章中，我们查看了 Vagrant 中的插件，讲解了它们是什么，它们如何工作，以及如何安装、卸载和使用它们。我们还研究了 Vagrant 中的文件同步，讲解了如何使用多种不同的方法在主机系统和 Vagrant 机器之间同步文件。

在第 9 章中，我们将开始配置管理内容的第一部分。我们将介绍如何在 Vagrant 中提供配置管理功能以及如何使用 Shell 脚本管理 Vagrant 机器，这将为后续学习如何使用配置管理工具（如 Chef）进行资源调配打好基础。

第 9 章 Shell 脚本——服务开通

在本章中，我们将着重讨论 Vagrant 服务开通。我们将着重介绍基本概念以及 Shell 脚本服务开通。学习完本章，您将了解以下内容。

- Vagrant 服务开通。
- 配置管理。
- 使用文件进行 Vagrant 服务开通。
- 在 Vagrant 中使用 Shell 脚本进行服务开通。
- Vagrant 内联脚本、外部脚本以及脚本参数。

9.1 Vagrant 服务开通

Vagrant 中的服务开通流程是先创建一个脚本，然后在 Vagrant 机器上安装需要的软件。服务开通可以通过 Vagrantfile 中的内联 Shell 语句或者外部文件来完成。服务开通一般发生在机器正在创建的 vagrant up 的过程中。

当我们对机器进行服务开通时，所涉及的内容如下。

- 软件安装。
- 配置更改。
- 操作系统级别更改。
- 操作系统配置。

9.2 了解配置管理

接下来，我们将进一步讲解如何将配置管理工具与 Vagrant 一起用于服务开通。要谈论服务开通，首先要了解配置管理。

我们将主要讲解 Chef、Ansible 和 Salt 这 3 个配置管理工具。配置管理本质上是服务开通的另一种描述，它用于将计算机设置为某种所需的状态——可能是安装软件或配置的状态。

配置管理工具通常使用特殊的文件类型或语法。我们将主要介绍以下软件。

- Ansible（使用 `Playbook`）。
- Chef（使用 `Cookbook`）。
- Docker（使用 `Image`）。
- Puppet（使用 `Manifest`）。
- Salt（使用 `State`）。

当开发和部署的过程中需要更灵活而强大的选项时，通常会使用配置管理工具。使用配置管理工具的好处是可以分离关注点。事实上，在服务开通过程中您根本不需要依赖 Vagrant 来处理太多的问题。当然，您也可以灵活地更改使用的配置管理工具，不过考虑到预算和安全的原因，选择哪种方法可能需要由公司来决定。

9.3 Vagrant 服务开通的基本用法

下面就让我们创建一个新的 Vagrantfile，来开启 Vagrant 机器的服务开通流程。我们可以执行 `vagrant init -m` 命令来创建新的 Vagrantfile。

在 Vagrantfile 中，我们可以使用 `config.vm.provision` 代码定义一个配置块，并传入一个值来声明我们将使用的配置管理程序的类型。在下面的示例中，我们将使用 Shell。

```
config.vm.provision "shell"
```

使用 Shell 配置程序时，您可以内联定义想执行的命令，代码如下。

```
config.vm.provision "shell", inline "sudo apt-get update -y"
```

或者使用一个配置块，在该配置块中，我们使用管道字符的方式来传入 Shell 值。

```
config.vm.provision "shell" do |shell|
     shell.inline = "sudo apt-get update -y"
 end
```

在本例中，使用这两种方式都能完成更新系统包的任务，不过配置块方法的可读性更高，因为每个值都有自己专门的行。

Vagrant 服务开通命令

一旦创建了 provisioner 值，就可以将这些更改应用到您的 Vagrant 机器了。以下为一些可选项。

- 当第一次执行 `vagrant up` 命令时，您的机器将读取 Vagrantfile 并运行 provisioner 脚本。
- 如果您有一台执行过服务开通又停止了的机器，或者您想要强制重新执行服务开通，那么可以执行 vagrant up --provision 命令来重新执行服务开通。

- 您也可以使用 --no-provision 标志来禁用服务开通流程。
- 在配置块中，可以设置 run 的值为 always，这将强制配置器脚本在每次启动计算机时运行。例如 config.vm.provision "shell", inline: "sudo apt-get update -y", run: "always"。

该设置只会在 --no-provision 标志没有使用的时候生效。

9.4　使用文件选项进行 Vagrant 服务开通

Vagrant 文件选项提供了一种在启动过程中将文件从主机复制到 Vagrant 机器上的简单方法。这是上传配置文件的很好的方法。如果不上传配置文件，那就需要在 Vagrant 机器上创建配置文件。因为在软件开始运行之前是需要配置文件的，例如保存环境变量的 .env 文件或保存数据库连接信息或特殊变量的文件。

有两种文件选项可用——您可以将单个文件或整个文件夹从主机复制并上传到 Vagrant 机器。

当使用文件进行 Vagrant 配置时，我们将 Vagrantfile 中的配置选项设置为 file，具体如下。

```
config.vm.provision "file"
```

9.4.1　使用单个文件

将一个文件从主机上传到客户机非常快速、简单。我们只需要将 provision 设置为 file，然后将源设置为主机上的文件，代码如下。

```
Vagrant.configure("2") do |config|
     config.vm.provision "file", source: "secret.env", destination:
"secret.env"
 end
```

这将会把 Vagrantfile 同目录下的 `secret.env` 文件复制到 Vagrant 客户机的 home 目录中。如果 `secret.env` 文件不存在，那么 Vagrant 将会在启动过程中抛出一个错误，如图 9.1 所示。

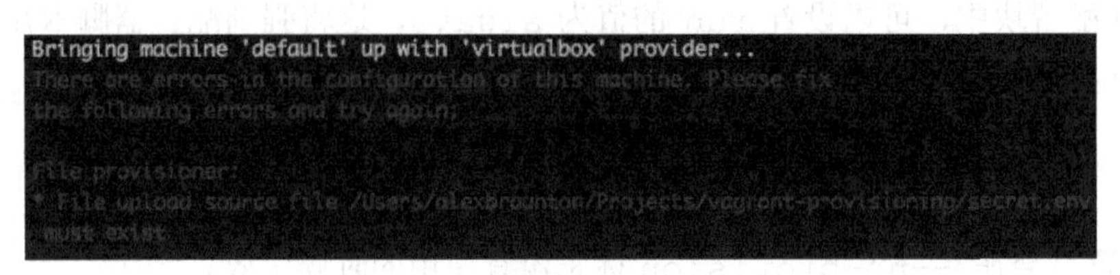

图 9.1

如果文件确实存在，在启动过程中您将会在终端中看到图 9.2 所示的输出信息。

```
==> default: Running provisioner: file...
```

图 9.2

通过执行 `vagrant ssh` 命令进入客户机后，我们可以执行 `ls` 命令来列出 home 目录的文件。您将会看到 `secret.env` 文件，如图 9.3 所示。

```
vagrant@ubuntu-xenial:~$ ls
secret.env
```

图 9.3

9.4.2　使用整个文件夹

上传配置文件的另一种方式是将整个文件夹从主机上传到客户机。当您需要上传多个文件（例如用不同方式管理的图像和配置文件）时，这种方法很有用。

它与 Vagrantfile 的单个文件复制配置非常相似，代码如下。

```
Vagrant.configure("2") do |config|
     config.vm.provision "file", source: "secretfolder", destination:
"$HOME/newsecretfolder"
 end
```

我们将源文件夹的值设置为当前 vagrant 目录中的文件夹。如果文件夹位于主机的其他位置，您也可以使用绝对路径来指定。

可以使用 `$HOME` 变量直接在客户机的 home 目录下创建目标文件夹。这个文件夹可以使用和主机文件夹一样的名字（也可以起一个新名字），具体取决于您的需求。

执行 `vagrant up --provision` 命令，启动 Vagrant 机器。在此过程中，我们将看到图 9.4 所示的输出信息。

```
==> default: Running provisioner: file...
```

图 9.4

在机器启动并运行后，我们可以执行 `vagrant ssh` 命令进入机器。执行 `ls` 命令，我们会在 home 目录下看到这个文件夹。如果执行 `ls newsecretfolder/` 命令，我们会看到这个文件夹中的 `secret.env` 文件，如图 9.5 所示。

```
vagrant@ubuntu-xenial:~$ ls
newsecretfolder
vagrant@ubuntu-xenial:~$ ls newsecretfolder/
secret.env
```

图 9.5

请注意，与同步文件功能不同，上传配置文件并不会让主机或客户机中的变化影响到另一个。

9.5 Vagrant Shell 配置管理

现在我们已经了解了如何使用基本的 Shell 来进行配置管理，但是我们所依赖的环境往往需要更大、更复杂的配置管理脚本。这个脚本可能会依赖一些参数、环境变量或者外部的资源。

在本节中，我们将讲解使用 Shell 作为配置管理工具时的一些参数选项。它的功能非常强大，而且很灵活。使用它进行配置管理，您将不再需要安装任何配置管理工具（例如 Chef 和 Ansible）。

当使用 Shell 配置器时，有以下这些可用的配置选项。

- args：您指定的为服务开通脚本所使用的参数，可以是一个字符串或列表。
- env：键值对（哈希）列表，作为脚本的环境变量来使用。
- binary：Vagrant 默认会将 Windows 操作系统的行结束符替换为 UNIX 操作系统的，将这个值设置为 `true`，则不再进行替换。
- privileged：允许您确定运行脚本的用户是否为特权用户（例如 `sudo`），默认值是 `true`。
- upload_path：脚本将要被上传到的客户机上的目录。SSH 用户必须有对应文件或者文件夹的写权限，否则将会上传失败。
- keep_color：Vagrant 成功输出为绿色，错误则为红色。如果您将这个值改为 `false`，则这个行为会停止。
- name：当有很多不同的配置器时，可以用此参数的值来区分运行过程中的输出信息。
- powershell_args：如果您使用 Windows 操作系统上的 PowerShell 作为配置器，它可以帮助您传递参数。
- powershell_elevated_interactive：当尝试在 Windows 操作系统上以交互模式运行脚本时，可以使用此选项。您必须在 Windows 操作系统上启用自动登录，并且用户登录时才能工作。
- md5：用来验证下载 Shell 文件的 MD5 值（校验和）。
- sha1：用来验证下载 Shell 文件的 SHA1 值（校验和）。
- sensitive：如果您在此指定了 `env` 选项中的某个变量，此变量将会被标记为敏感并不会在输出信息中打印出来。

下面将详细介绍内联脚本、外部脚本和脚本参数。

9.5.1 内联脚本

我们之前短暂地接触了内联脚本，它还有很多其他选项可以在资源配置中使用。

您可以使用以下的代码编写并运行内联脚本。

```
config.vm.provision "shell", inline: "sudo apt-get update -y && echo
updating finished"
```

您还可以在配置块外创建一个变量，使用更清晰、更具可读性的代码格式来给这个变量赋值。

```
$shellscript = <<-SCRIPT
 sudo apt-get update -y
 echo updating finished
 SCRIPT

config.vm.provision "shell", inline: $shellscript
```

您可以体验一下两种方式，看一看哪种更适合您。如果您处于一个开发团队中，您可能会发现，团队已经有了在创建和编辑 Vagrantfile 时统一的写法，此时您只需要遵守该写法即可。

9.5.2 外部脚本

使用 Shell 进行服务开通的另一个选项是使用外部脚本。这是保持脚本独立的一个好方法，意味着管理更容易并有利于 Vagrantfile 文件保持整洁。

我们可以通过以下的代码来使用一个外部脚本。

```
config.vm.provision "shell", path: "[FILELOCATION]"
```

在上面的例子中，"[FILELOCATION]"占位符支持以下两种不同的形式。

- 机器上的本地脚本，例如 script.sh。

- 外部托管的远程脚本，例如 https://example.com/dev/script.sh。

使用远程脚本的一个好处是，使用该 Vagrantfile 运行特定机器配置的任何人都始终能获得最新版本。如果您是一个团队的开发人员，对配置脚本进行了变更，那么团队内所有其他开发人员只需要执行 vagrant up --provision 命令，就可以获得和您一样的机器环境。

9.5.3 脚本参数

Shell 服务开通的另一个特性是可以使用参数。一些变量值可以传入脚本使用，这些动态的值会使机器更容易管理。

脚本参数可以以字符串或者数组的形式传入。当只需要一个参数时，使用字符串；当需要多个参数时，使用数组。

1. 脚本参数——字符串

下面是在 Vagrantfile 中使用字符串脚本参数的示例。

```
config.vm.provision :shell do |shell|
     shell.inline = "echo $1"
     shell.args = "this is a test"
 end
```

当 vagrant up 进程进行到服务开通阶段时，我们将看到 this is a test 被输出到屏幕上，如图 9.6 所示。

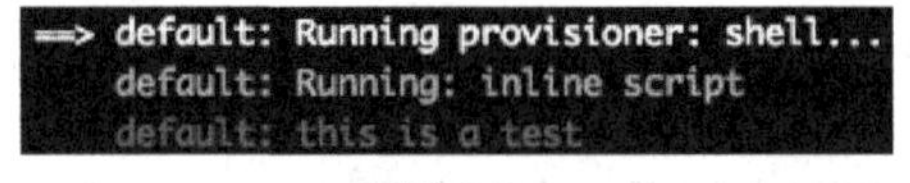

图 9.6

请注意，您必须正确地转义您的字符串。在本例中，我们将字符串用双引号引起来。系统 echo 命令将直接输出 this is a test，而不会抛出任何错误。

2. 脚本参数——数组

以下是在 Vagrantfile 中使用数组脚本参数的示例。

```
config.vm.provision :shell do |shell|
     shell.inline = "echo $1 $2"
     shell.args = ["this is", "a test"]
 end
```

与字符串参数类似，当 vagrant up 进程的配置管理阶段开始时，我们将看到系统 echo 命令将 `this is a test` 输出到屏幕上，如图 9.7 所示。

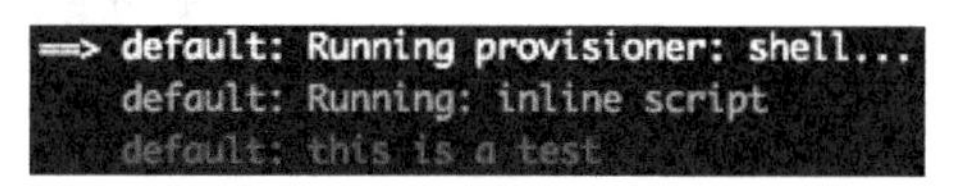

图 9.7

请注意，无须在数组中的某个值两侧使用双引号。建议您转义所有的特殊字符以降低错误发生的概率。

9.6 总结

在本章中，我们介绍了 Vagrant 服务开通和配置管理。我们使用带参数的内联和外部脚本，提供了一个可以使用基本用法、文件选项和两种 Shell 类型（内联和外部脚本）来配置 Vagrant 机器的方法。

在第 10 章中，我们将讲解更多关于 Ansible 配置管理工具的知识，并使用它来配置一台 Vagrant 机器。我们将介绍如何使用 Ansible 和 Ansible Playbook，并详细介绍其语法。

第 10 章 Ansible——使用 Ansible 配置 Vagrant box

在本章中，我们将介绍 Ansible 以及如何使用它去配置 Vagrant 机器。以下是本章要讨论的内容。

- 了解 Ansible。
- 在 macOS 上安装 Ansible。
- 在主机上使用 Ansible 配置 Vagrant。
- 在客户机上使用 Ansible 配置 Vagrant。
- Ansible Playbook。

学习完本章，您将对使用 Ansible 配置 Vagrant 机器充满信心。您将了解 Ansible 是如何配合 Vagrant 工作的，并能够在主机和 Vagrant 机器上使用 Ansible，以及通过 Playbook 来准确配置您需要的内容。

10.1 了解 Ansible

Ansible 是一款开源软件，致力于 IT 自动化，它在各方面提供自动化的能力。Ansible 可用于配置管理、软件服务开通和应用程序部署等，它是一个功能强大的工具，提供了许多特性，具体如下。

- 可以在主机或客户机上本地运行。
- 有一个强大的插件生态系统。
- 可以协调许多云提供商的基础设施。
- 可以安装在许多不同的操作系统上。
- 有简单的库存管理。
- 有简单而强大的自动化 Playbook 模板。
- 有可读性高且丰富的文档。

Ansible 在保证可靠和安全的基础上，提供了一种简单易学的语法来配置您的软件。在本章中，我们将通过安装、创建和测试 Playbook 配置一台 Vagrant 机器来了解更多 Ansible 知识。

有关 Ansible 的更有趣的事实是，它是 Red Hat 的一部分，是用 Python 和 PowerShell 编写的。Ansible 第一次发布是在 2012 年 2 月，它有一个名为 Ansible Tower 的基于 Web 的界面，这使 Ansible 的管理更加容易。

10.2 安装 Ansible

在本节中，我们将讲解如何在主机上安装 Ansible，在本例中，主机系统是 macOS。

在后面，我们将介绍如何在 Ubuntu 操作系统上安装 Ansible，它将运行在 Vagrant 机器中。

在 macOS High Sierra 上安装 Ansible（版本 10.13）

在使用 Ansible 配置 Vagrant 机器之前，我们首先需要在主机上安装它，步骤如下。如果您正在使用另一种操作系统，可以在 Ansible 官方网站上找到对应的 Ansible 安装包。

① 在 Ansible 官方网站打开 Installation Guide Page 页面。

② 网页上展示了一系列支持的操作系统，我们需要单击 **Latest Releases on macOS** 选项。

③ 在这里我们将会看到，推荐使用 pip 工具来安装 Ansible。

④ 您可以执行 `pip -v` 命令来查看是否已经安装了 pip 工具，如图 10.1 所示。

⑤ 如果没有安装 pip 工具，您可以执行 `sudo easy_install pip` 命令来安装它，如图 10.2 所示。

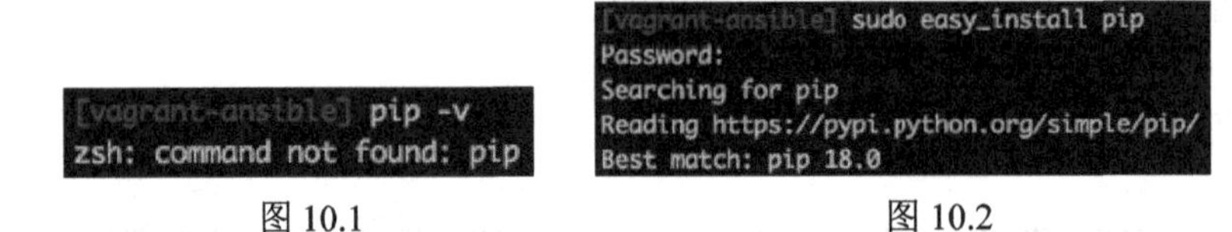

图 10.1　　图 10.2

执行 `sudo` 命令可能会需要您输入系统的密码。

⑥ 现在可以通过执行 `sudo pip install ansible` 命令来安装 Ansible 了。

同样，您可能需要在执行 `sudo` 命令的时候输入密码，如图 10.3 所示。

图 10.3

⑦ 我们通过执行 `ansible --version` 命令来检查 Ansible 是否已经被成功地安装了，如图 10.4 所示。

图 10.4

可以看到，我们已经安装了 2.6.3 版本。

您已经成功地安装了 Ansible！现在可以配置和管理 Vagrant 机器了。

10.3 使用 Ansible 配置 Vagrant

在本节中，我们将通过两种不同的形式来使用 Ansible 配置 Vagrant。第一种是在主机（macOS）上运行 Ansible，第二种是在 Vagrant 内的客户机上运行 Ansible。

我们将会使用 box：ubuntu/xenial64。它的版本是 virtualbox, 20180510.0.0。

10.3.1 在主机上使用 Ansible 配置 Vagrant

下面让我们在主机上配置一个基础的 Vagrant 环境，然后使用 Ansible 来对它进行配置管理。我们将介绍如何在 Vagrantfile 中配置 Ansible，并在运行 Ubuntu 操作系统的 Vagrant 机器中安装软件。

① 在一个新目录中创建 Vagrantfile。我们可以通过执行 `vagrant init -m` 命令来完成此操作。

② 在 Vagrantfile 中，使用 `config.vm.box = "ubuntu/xenial64"`将 box 设置为 Ubuntu 操作系统，并且通过下面的代码来配置网络。

```
config.vm.network "private_network", ip: "10.10.10.10"
```

③ 下面创建一个配置管理块，代码如下。

```
  config.vm.provision "shell", inline: "sudo apt-get update;
sudo ln -sf /usr/bin/python3 /usr/bin/python"
```

```
  config.vm.provision "ansible" do |ans| ans.playbook =
"vagrant_playbook.yml"
 end
```

④ 保存并退出文本编辑器。

如果现在执行命令，您将会在最后的配置步骤中看到图 10.5 所示的错误。

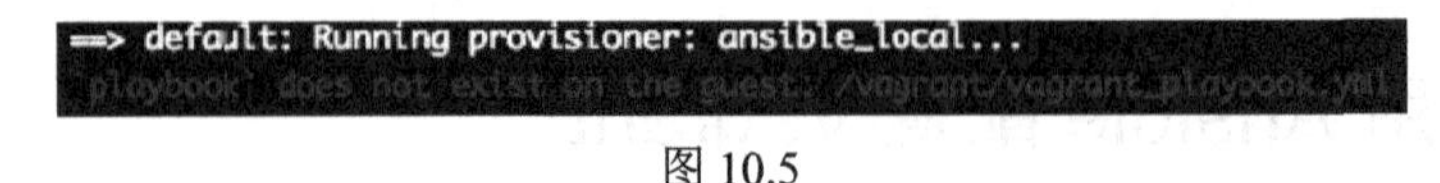

图 10.5

这是因为 Ansible 和 Vagrant 找不到 `vagrant_playbook.yml` 这个 Playbook 文件。我们现在在 Vagrantfile 相同的目录下创建 Playbook 文件。

在创建的 Playbook 文件中添加的代码如下（稍后将详细介绍，以便您确切了解它的作用）。

```
---
-
  hosts: all
  sudo: true
  tasks:
   -
     apt: "name=nginx state=latest"
     name: "ensure nginx is at the latest version"
-
  name: "start nginx"
  service:
   name: nginx
   state: started
```

> Playbook 文件的格式和语法非常严格。在 YAML 代码中只能使用空格，不能使用制表符。如果有任何问题，请尝试删除所有空白并添加自然的缩进空格（一个空格表示顶层，两个空格表示子级，依此类推）。您可以在线使用 YAML 代码、语法验证工具。
>
> 这段代码将把 Nginx 的最新版本安装到 Vagrant 机器上。然后启动 Nginx 服务，以便它能够正常运行并随时可以使用。如果已经有一台机器在运行，可能需要先执行 `vagrant destroy -f` 命令。

执行 vagrant up --provision 命令启动进程并运行 Ansible。然后您将会在配置阶段看到许多新的彩色输出信息，这是 Ansible 在安装和配置 Nginx。

配置器将运行我们在 Vagrantfile 中指定的 ansible_local，如图 10.6 所示。

```
==> default: Running provisioner: ansible_local...
    default: Installing Ansible...
```

图 10.6

然后它将运行 ansible-playbook 处理程序，如图 10.7 所示。

```
default: Running ansible-playbook...
```

图 10.7

最后，您将看到 Ansible 做了什么（或者没有做什么）的概览。在此我们可以看到，ok=3 表示已成功运行了 3 个配置单元，changed=1 表示已成功变更了一个配置单元，如图 10.8 所示。

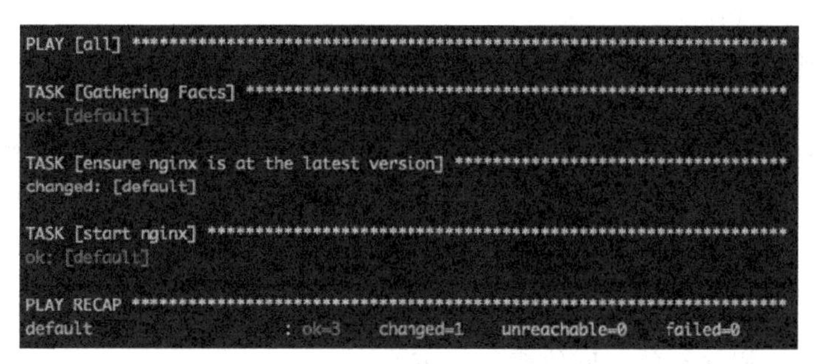

图 10.8

因为我们在 Vagrant 文件中进行了 networking 配置，所以现在可以使用 10.10.10.10 这个 IP 地址来访问 Vagrant 机器。

打开浏览器访问该 IP 地址，您将看到默认的 Nginx 欢迎屏幕，如图 10.9 所示。

恭喜！您已经成功地使用 Ansible 从主机上配置 Vagrant 并安装了 Nginx。在这里提了很多次 Playbook，在下一节中我们将介绍更多关于 Playbook 的内容。

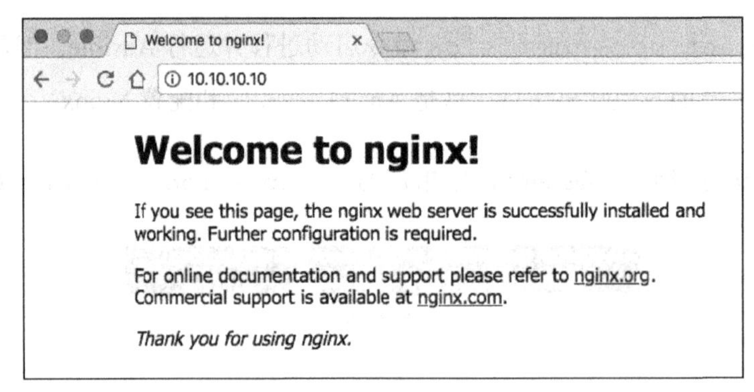

图 10.9

10.3.2　在客户机上使用 Ansible 配置 Vagrant

我们已经成功地使用主机上的 Ansible 在 Vagrant 机器上安装了 Nginx 服务，下面介绍如何使用 Vagrante 机器中的 Ansible 来做同样的事情。

这个方法简单得多，因为它允许在客户机中完成所有的任务，主机上不需要安装任何软件。如果找不到或无法访问 Ansible，Vagrant 将智能地尝试在客户机上安装 Ansible。

下面的步骤比之前的简单很多，但是我们将会在 Vagrantfile 中增加一些额外的配置。

① 执行 `vagrant init -m` 命令创建一个新的 Vagrantfile（您可能需要清空当前目录或者使用一个新的目录）。

② 在 Vagrantfile 中，使用 `config.vm.box = "ubuntu/xenial64"` 配置 box 为 Ubuntu 操作系统，网络配置如下。

```
config.vm.network "private_network", ip: "10.10.10.10"
```

③ 添加以下配置模块。

```
config.vm.provision "ansible_local" do |ans|
      ans.playbook = "vagrant_playbook.yml"
      ans.install = true
      ans.install_mode = "pip"
end
```

④ 保存 Vagrantfile，然后执行 `vagrant up --provision` 命令，使 Vagrant 机器启动并运行。

我们会在这里看到一个与上一节类似的过程，直到 Vagrant 运行到配置阶段。因为客户机没有安装 Ansible，所以它会开始安装。我们可以看到，这里使用了 `ansible_local` 配置器，如图 10.10 所示。

```
==> default: Running provisioner: ansible_local...
    default: Installing Ansible...
```

图 10.10

因为我们在 Vagrantfile 中声明了安装模式为 pip，所以 pip 包管理器也将被安装到客户机上，如图 10.11 所示。

```
    default: Installing pip... (for Ansible installation)
Vagrant has automatically selected the compatibility mode '2.0'
according to the Ansible version installed (2.6.3).

Alternatively, the compatibility mode can be specified in your Vagrantfile:
https://www.vagrantup.com/docs/provisioning/ansible_common.html#compatibility_mode
```

图 10.11

Vagrant 配置器将会发现并应用 Ansible Playbook，如图 10.12 所示。

```
default: Running ansible-playbook...
```

图 10.12

Ansible 将会在客户机中启动并且应用 Playbook 中的内容，如图 10.13 所示。可以看到，Nginx 已经安装并且成功启动。

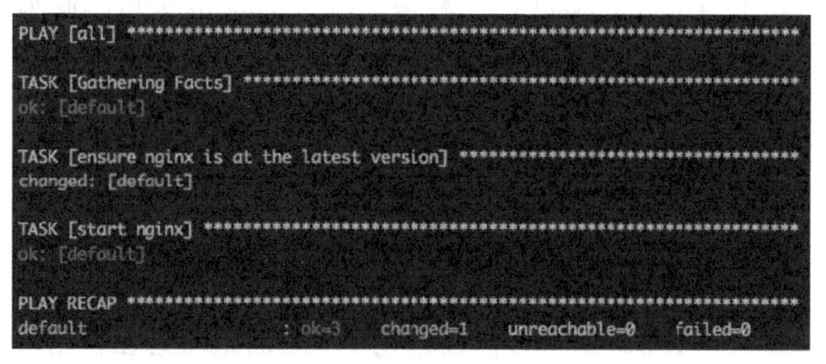

图 10.13

我们现在可以在浏览器中访问地址 `http://10.10.10.10` 并看到 Nginx 的默认页面。这个页面可以确认 Nginx 已经安装并成功启动，如图 10.14 所示。

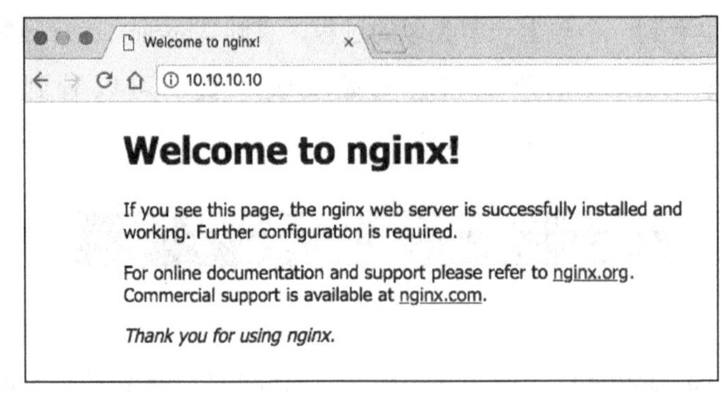

图 10.14

现在执行 `vagrant ssh` 命令，通过 SSH 进入 Vagrant 机器。连接后，执行 `ansible --version` 命令，确认已在客户机上安装了 Ansible，如图 10.15 所示。

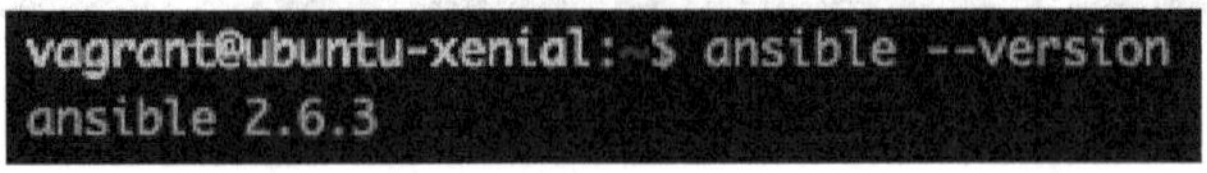

```
vagrant@ubuntu-xenial:~$ ansible --version
ansible 2.6.3
```

图 10.15

可以看到，已经安装的 Ansible 版本为 2.6.3。在 Vagrantfile 中，我们使用了一些额外的 Ansible 配置，这些知识将在 10.3.3 节中进一步讲解。

10.3.3　附加 Ansible 配置

当使用 Ansible 和 Ansible local 作为配置器时，Vagrant 支持一些附加选项。这些选项允许您向配置过程添加额外的自定义功能。

1．配置器——Ansible

在这一部分，我们将介绍 Ansible 配置器可以使用的一些附加配置。

- `ask_become_pass`：当将该值设置为 `true` 时，将会在使用 `sudo` 选项时要求用户输入密码。

- ask_sudo_pass：用于向后兼容，本质上和 ask_become_pass 一样。
- ask_vault_pass：当将该值设置为 true 时，它将强制 Ansible 提示输入 Vault 密码。Ansible Vault 用于对敏感数据和密码进行加密，这样就不必担心密码在 Playbook 中以纯文本显示。
- force_remote_user：要求 Vagrant 在 inventory 中配置 ansible_ssh_user 用户。Ansible 将使用 Vagrantfile 中的 config.ssh.username 的值，而不是 Ansible Playbook 中的 remote_user 参数的值。
- host_key_checking：要求 Ansible 启用 SSH 主机密钥检查。
- raw_ssh_args：用于列出 OpenSSH 客户端选项列表，该值通常是一个字符串数组。

请注意，查阅官方的 Vagrant 和 Ansible 文档是很有必要的，可以让您对这些选项有更深入的了解，包括一些您不确定的配置名称和选项的应用方法。

2. 配置器——Ansible local

在这一部分，我们将介绍 Ansible local 配置器的增强选项。

- install：默认选项，它将会在客户机没有安装（或者安装了但是不能运行）的情况下尝试安装（或者修复）Ansible。
- install_mode：用于选择如何在客户机上安装 Ansible。您可以选择默认值 pip 或 pip_args_only。默认选项将尝试使用客户机上安装的操作系统对应的包管理器。pip 选项将使用 Python 包管理器；pip_args_only 选项的工作方式与 pip 选项类似，但不允许 Vagrant 自动设置 pip 选项。
- pip_args：用于给 pip 工具传命令行参数，这个选项在 install_mode 设置为 pip 的时候生效。

- provisioning_path：用于设置存储 Ansible 文件目录的路径，例如 ansible-playbook 这样的命令是从这个位置运行的。
- tmp_path：用于设置客户机上的绝对路径，在该路径中临时存储了一些 Ansible local 配置器文件。

10.4 Ansible Playbook

Ansible Playbook 是 Ansible 使用的一种配置文件。您可以认为它类似 Vagrant 的 Vagrantfile。它使用 YAML（另一种标记语言）的语法，并且易于阅读。来看以下 Playbook。

```
---
- hosts: all
    sudo: yes
    tasks:
        - name: ensure nginx is at the latest version
          apt: name=nginx state=latest
        - name: start nginx
          service:
              name: nginx
              state: started
```

- 第一行总是用 3 个破折号（英文输入法）来表示文件的开头。
- 必须定义此配置应用于哪些主机。通常可以通过设置诸如[db]的值，并在 Ansible inventory 文件中定义该值的 IP 地址来实现。
- 将 sudo 的值设置为 yes，因为我们需要 sudo/root 权限才能在 Vagrant 客户机上安装 Nginx。
- 进入任务部分，这是我们希望 Ansible 做的事情——进行配置。我们使用命名来区分不同任务，它描述了我们希望任务执行的操作，例如 start nginx。
- 在任务中，我们定义了一个名为 apt 的操作，这将调用包管理器（apt get）来安装最新版本的 Nginx 包。

● 转到最后一个任务，即确保 Nginx 服务已经启动。

从这个例子中可以看出，Ansible Playbook 的逻辑流非常清楚，也很容易阅读。在实际环境中，您将遇到类似本例或者更复杂的 Playbook，它会始终遵循每个块都缩进的原则，以使用户可以更好地理解每个部分的功能。

10.5 总结

在本章中，我们讲解了如何在主机和客户机上使用 Ansible 配置 Vagrant。我们还讲解了什么是 Ansible，以及 Ansible Playbook。如果您在公司使用 Ansible，那么我建议您使用 Vagrant 来简化开发时的工作流程。

在第 11 章中，我们将继续介绍配置管理的相关内容，学习 Chef 工具相关的知识，以及如何使用配置管理工具来配置 Vagrant。我们将讲解多种 Chef 选项（单实例和客户端）并讲解如何创建一个 Cookbook。

第 11 章 Chef——使用 Chef 配置 Vagrant box

在本章中，我们将继续使用流行的 DevOps 配置管理工具来配置 Vagrant。本章将介绍以下内容，并将详细介绍 Chef 工具。

- 了解 Chef。
- Chef Cookbook。
- 在 macOS 中安装 Chef。
- 使用 Chef Solo 配置 Vagrant 机器。
- 使用 Chef Client 配置 Vagrant 机器。

学习完本章，您将了解 Chef 是什么，以及和它一起工作的组件有哪些。无论是在本机上还是在 Vagrant 机器上，您都将学会使用 Chef 来配置 Vagrant 机器。您还将了解如何创建一个 Cookbook。Cookbook 是一种非常强大且灵活的工具，可以使您方便地管理计算机的状态。

11.1 了解 Chef

Chef 是一种流行的配置管理工具，用于配置和维护服务器。它由 Chef 公司创建，并用 Ruby 和 Erlang 语言编写。它最初于 2009 年 1 月发布，并提供两种不同版本——免费（开源）和付费（企业版）。

Chef支持并集成了许多云平台，例如Amazon EC2、OpenStack、Rackspace和Microsoft Azure。Chef 可以以单独模式（无依赖关系）或 C/S（客户端/服务器架构）模式运行，在 C/S 模式下，客户端与服务器进行通信并发送有关客户端节点的信息。

Chef 将 Cookbook 用作其配置的一部分，我们将在接下来重点介绍 Cookbook。

11.2 Chef Cookbook

Chef Cookbook 是使用 Chef 配置机器时的关键部分，它描述了对机器状态的期望。

类似于在 Ansible 中使用 Playbook，Chef 中的 Cookbook 包含 5 种关键元素，它们都有各自的作用。

- Recipe。
- Template（模板）。
- Attribute value（属性值）。
- Extension（扩展）。
- File distributor（文件分发）。

这些元素通常只是元数据，这些元数据通过协同工作创建对计算机的描述。下面让我们更深入地研究这 5 种元素，以便进一步了解它们。

当谈到节点时，我们指的是一台机器——无论是物理的还是虚拟的。该节点可以是计算机、服务器、网络设备或其他机器。

11.2.1　Recipe

Recipe 是 Cookbook 的关键部分，它用于详细说明节点应该发生什么。配置 Vagrant 虚拟机的状态时，它的作用类似于 Vagrantfile。

Recipe 是用 Ruby 语言编写的，它必须添加到节点的运行列表中，然后节点才允许运行此 Recipe。Cookbook 可以使用一个或者多个 Recipe，也可以依赖外部的 Recipe。

Recipe 的主要目的是管理资源，资源可以是软件包、服务、用户、组、文件、目录、cron 作业等。

11.2.2　模板

模板是一种特定类型的文件，其中包含嵌入式的 Ruby 语句。这些文件使用 `.erb` 扩展名，可用于创建动态的配置文件。

这些文件可以访问属性值（5 种关键元素之一）。就像在文件中使用变量，而不必硬编码一样，您可以拥有多个引用相同属性的模板，并且当一个模板更改时，所有模板文件中的对应值都将被修改。

11.2.3　属性值

Chef 中的属性值本质上是配置，它们通常显示为键值对，这些配置可以在 Cookbook 中使用。

属性值在 Cookbook 的 `attributes` 子目录中设置，之后可以在该 Cookbook 的其他部分中引用。属性值可以在顶级（Cookbook）目录设置，也可以在节点处设置，还可以使用任何特定于此节点的设置或属性将其覆盖。

11.2.4 扩展

此处的扩展只是对 Chef 的扩展，例如库和自定义资源，也可以称为工具。关于这部分内容，您可以在 11.3 节中了解更多信息。

11.2.5 文件分发

静态文件包含简单的配置。它们被放置在文件的子目录中，通常通过 Recipe 移动到节点上。这些文件一般不会被更改，因此可以被认为是简单的非动态模板。

11.3 Chef Supermarket

如果您正在寻找特定的 Cookbook 或代码片段，那么可以使用 Chef Supermarket，您可以将 Chef Supermarket 理解为 Vagrant Cloud，它托管了 Cookbook 供您查看和下载。Chef Supermarket 易于使用，并提供简单、快速的用户界面。它的主要特点是提供搜索功能和易于使用。

如果您正在寻找特定的 Cookbook，或者只是随便看一看，可以使用 Chef Supermarket 强大的搜索功能。它提供了全文搜索和过滤器，可以帮助您缩小搜索范围。您可以通过访问 Chef Supermarket 主页来使用搜索功能。

您可以看到搜索框，如图 11.1 所示。您可以搜索特定的软件包（例如 Nginx），也可以搜索更通用的软件包（例如 `Web Server`）。

图 11.1

在缩小搜索范围时，有两种选择。第一个是可以使用 Advanced Options（高级选项），该选项可在右侧的搜索栏下方找到。

您会看到 **Advanced Options** 扩展菜单，该菜单使您可以按 **Badges（标签）**和 **Selected Supported Platforms（可选择的支持平台）**过滤搜索。如果列表中没有特定的平台，您也可以使用底部的搜索框来搜索，如图 11.2 所示。

Select Badges

☐ partner

Select Supported Platforms

☐ aix	☐ amazon	☐ centos	☐ debian	☐ fedora	☐ freebsd
☐ gentoo	☐ mac_os_x	☐ omnios	☐ openbsd	☐ opensuse	☐ opensuseleap
☐ oracle	☐ redhat	☐ ubuntu	☐ scientific	☐ smartos	☐ solaris
☐ suse	☐ windows	☐ zlinux			

You can write in a platform name here if it's not listed above

图 11.2

目前只有一个 **Badges** 选项可用，即 **partner（合作伙伴）**。此选项搜索 Chef 合作伙伴的 Cookbook，这些 Cookbook 是由 Chef 工程团队精心挑选或创建的，我们将在这里查看其他过滤器选项。

在搜索框的左侧，您可以选择要搜索的类型。当前有两个选项——**Cookbooks** 和 **Tools**，如图 11.3 所示。默认为 Cookbooks 选项，选择它将搜索可用的 Cookbook。选择 Tools 选项将搜索可用的 Chef 工具。注意，Tools 是可以与 Chef 一起使用的软件——这些不是插件本身，而是附加组件。

图 11.3

我们正在搜索 Web 服务器 `nginx`，如图 11.4 所示，已找到 43 个 Cookbook，并且您可以选择按 **Most Followed（最多收藏）**和 **Recently Updated（最近更新）**进行排序。

您将看到一些重要信息，例如 Cookbook 版本，上次更新日期、时间，支持的平台，要安装的代码以及关注者数量等。

图 11.4

您可以单击 Cookbook 名称（在本例中为 `nginx`）以获取有关 Cookbook 的更多信息。

您可以看到 Cookbook 详情页，如图 11.5 所示。它包含的信息包括 Cookbook 创建者和维护者，并提供了详细的自述文件。另外，还有依赖项、更新日志、安装说明和选项等其他信息。

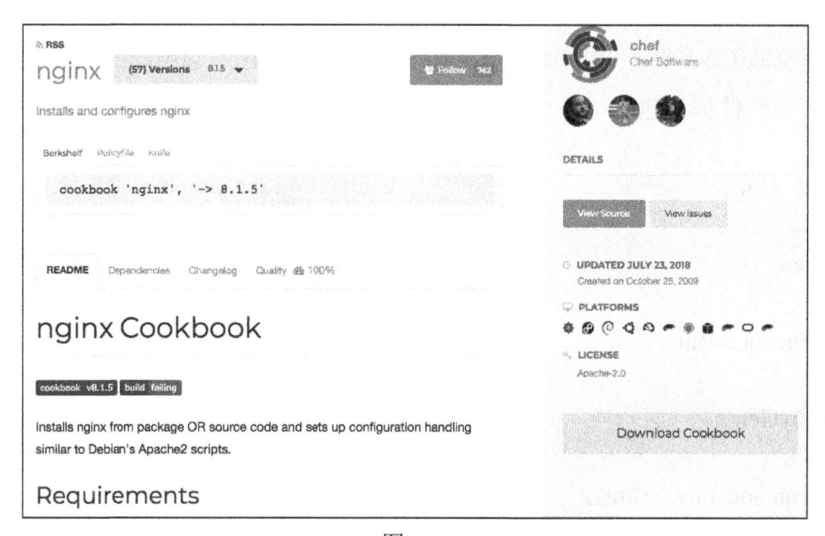

图 11.5

11.4　使用 Chef 配置 Vagrant

使用 Chef 配置 Vagrant 机器时，有以下 4 种不同的方法。这意味着在进行配置时，Chef 在 Vagrant 中拥有多种选择。

- Chef Solo。
- Chef Zero。
- Chef Client。
- Chef Apply。

在本节中，我们将重点介绍 Chef Solo 和 Chef Client。这将为您在主机和 Vagrant 机器上提供很好的混合配置能力。

11.4.1　在 macOS 上安装 Chef

在开始使用 Chef 之前，我们需要先安装它。下面介绍如何在 macOS 上安装 Chef。

我们将安装 Chef DK（开发套件），其中包括它的所有依赖项、工具库和 Chef 主程序。要安装的软件列表包括以下内容。

- Chef Client。
- OpenSSL。
- Embedded Ruby。
- RubyGems。
- Command-line utilites。

- Key value stores。
- Parsers。
- Utilities。
- Libraries。
- Community tools such as Kitchen and ChefSpec。

请注意，必须先安装 Apple XCode 软件包，然后才能安装 Chef。

下面开始安装和测试 Chef。

① 进入 Chef DK 下载页面。

② 找到您当前运行的操作系统版本，然后单击 **Download** 按钮，如图 11.6 所示。

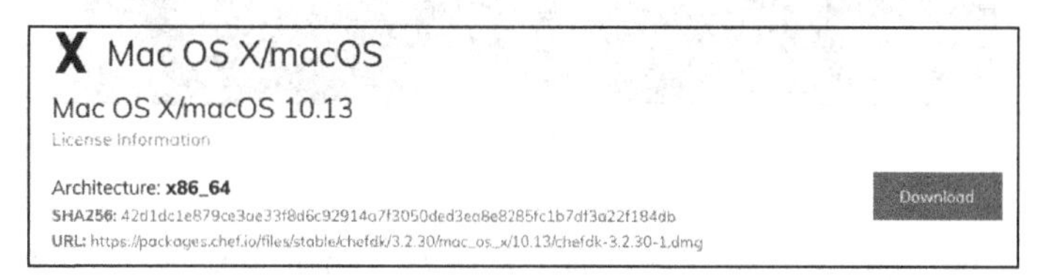

图 11.6

③ 双击`.dmg`文件运行安装程序。您需要先运行安装程序，再双击 `.pkg` 文件运行它。

④ 安装程序将开始运行，并提示您完成 6 个步骤。在此安装过程中，我们不会更改任何默认值，如图 11.7 所示。

⑤ 完成后，您会看到对勾的成功页面。关闭此界面，然后您可以将安装包移入回收站。

⑥ 要确认已安装好 Chef，请打开终端并执行 `chef -v` 命令，该命令会列出 Chef

版本和其他依赖项，如图 11.8 所示。

Install Chef Development Kit
Welcome to the Chef Development Kit Installer
Introduction
License
Destination Select
Installation Type
Installation
Summary
This installer will help you install Chef Development Kit version 3.2.30.
You will be guided through the steps necessary to install this software.
Go Back
Continue

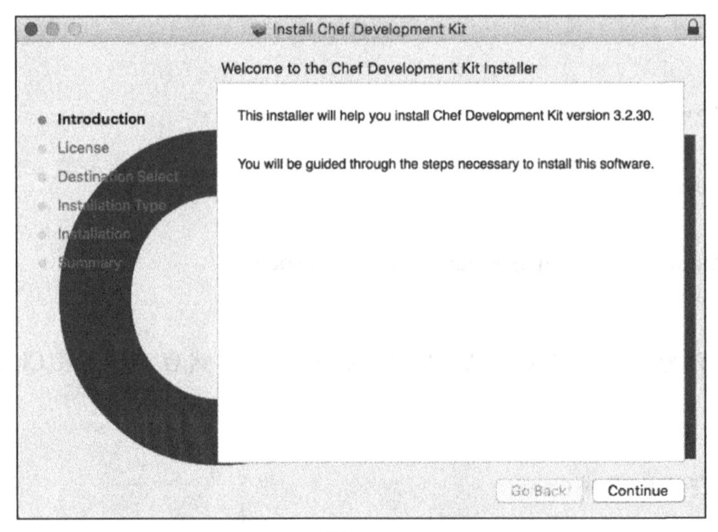

图 11.7

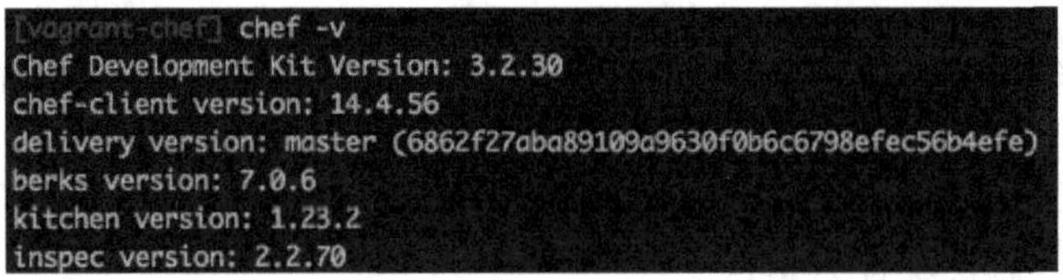

[vagrant-chef] chef -v
Chef Development Kit Version: 3.2.30
chef-client version: 14.4.56
delivery version: master (6862f27aba89109a9630f0b6c6798efec56b4efe)
berks version: 7.0.6
kitchen version: 1.23.2
inspec version: 2.2.70

图 11.8

如您所见，Chef 运行着许多软件，有 DK 版本、chef-client 版本和 kitchen 版本等。如果您将来必须调试特定软件，就会发现这些版本很方便。

恭喜您！现在，您的系统上已经成功安装了 Chef。下面让我们看一看如何使用 Chef 来配置 Vagrant 机器。

11.4.2　使用 Chef Solo 配置 Vagrant 机器

我们将继续使用在 Vagrant 机器上安装 Nginx Web 服务器这个示例。尽管这是一个简单的示例，但是它确实让我们测试了流行软件的安装和网络配置，并且可以简单地查看操作是否成功。

使用 Chef Solo 作为 Vagrant 的配置器是一种快速的配置方法。它没有任何依赖项（Chef 本身除外），可同时供初学者和高级用户使用。

我们首先需要通过执行 `vagrant init -m` 命令来创建一个 Vagrantfile。

在 Vagrantfile 中，我们需要指定 box 的 IP 地址和网络，我们还要在 Vagrantfile 中指定预配器并将其配置为 `chef_solo`。完整的代码如下。

```
Vagrant.configure("2") do |config|
     config.vm.box = "ubuntu/xenial64"
     config.vm.network "private_network", ip: "10.10.10.10"
     config.vm.provision "chef_solo" do |ch|
         ch.add_recipe "nginx"
     end
 end
```

我们已经将 `config.vm.provision` 设置为 `chef_solo`，并且在此代码块中，我们将 `add_recipe` 的值设置为 `nginx`。这意味着我们要告诉 Vagrant 使用 `nginx` Recipe。Vagrant 将在 `cookbooks` 文件夹中查找，该文件夹位于项目的根目录（Vagrantfile 所在的文件夹）中。

在运行 Vagrant 机器之前，我们需要做一些基础工作。在这里，我们将创建 `nginx` Recipe。我们将使用 Chef Supermarket 上的官方 nginx Cookbook。

默认情况下，Vagrant 将在项目根目录（Vagrantfile 所在的位置）中查找 `cookbooks` 目录。首先执行 `mkdir cookbooks` 命令在主机上创建此文件夹，然后在终端中执行 `cd cookbooks` 命令进入该目录。

为了满足 Chef Supermarket 的要求，我们需要一个本地 git 仓库。执行以下命令，创建一个基本的仓库，并提交一次。

① `git init`

② `touch null`

③ git add -A

④ git commit -m 'null'

让我们使用 knife 命令行实用程序（先前已安装）安装此 Recipe。在 Chef Supermarket 页面中，我们可以看到两个命令。让我们执行 install 命令。

```
knife supermarket install nginx --cookbook-path
```

这时已将 Nginx Cookbook（文件夹）安装到 cookbooks 目录中了。我们可以通过在项目目录中执行 ls 和 ls cookbooks 命令来确认这一点，如图 11.9 所示。

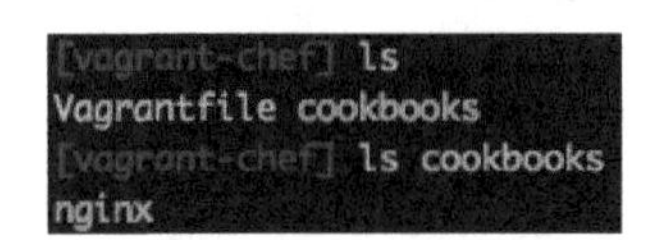

图 11.9

现在执行 vagrant up --provision 命令（回到根目录，而不是 cookbooks 目录）来启动和配置 Vagrant 机器。在配置阶段，您会看到 Running chef-solo... 的信息，这意味着配置器已经开始运行。现在，您将看到大量的输出信息，这是 Chef 启动、安装依赖项并运行 Nginx Cookbook 的结果。Nginx 服务（一旦安装）会自动开始运行，如图 11.10 所示。

```
==> default: Running provisioner: chef_solo...
    default: Installing Chef (latest)...
==> default: Generating chef JSON and uploading...
==> default: Running chef-solo...
==> default: [2018-09-10T22:04:23+00:00] INFO: Started chef-zero at chefzero://localho
st:1 with repository at /tmp/vagrant-chef/67a6d709eb65f4596491f85f27e65cc3, /tmp/vagra
nt-chef
==> default:   One version per cookbook
==> default: Starting Chef Client, version 14.4.56
==> default: [2018-09-10T22:04:23+00:00] INFO: *** Chef 14.4.56 ***
```

图 11.10

如果现在访问地址 http://10.10.10.10，您可以看到 Nginx 的默认页面，如图 11.11 所示。

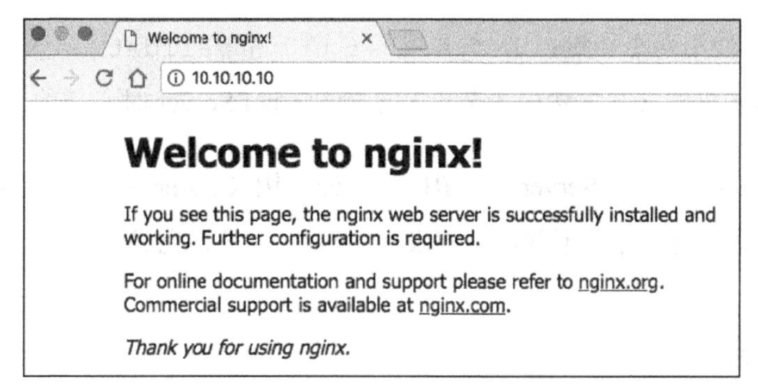

图 11.11

恭喜！您已经使用 Chef Solo 配置器成功地将 Nginx 安装到 Vagrant 机器上了。

以上是将 Chef Solo 与 Vagrant 结合使用的简单示例。请不要误以为该技术功能并不强大，您可以自己尝试更复杂的 Cookbook。

11.4.3　使用 Chef Client 配置 Vagrant 机器

尽管可以将 Chef Client 配置器视为一种更高级的选项，但它使用起来其实比我们在 11.4.2 节中介绍的 Chef Solo 配置器更简单、快捷。

Chef Client 配置器之所以使用起来更简单、快捷，是因为它只是一个客户端。它使用 Chef Server 来获取命令和 Cookbook 文件。在管理大型基础架构时，使用这种“客户端到服务器”的方法比必须分别管理多个节点要容易得多。

我们不会在本书中介绍如何配置 Chef Server，因为已经超出了范围，您可以从官方的 Chef 文档中了解更多信息。

由于 Chef Client 的大部分配置工作由 Chef Server 完成，因此本节没有太多内容，但是我们可以在 Vagrantfile 中添加一些配置。以下是配置块示例（在 Vagrantfile 内）。

```
config.vm.provision "chef_client" do |ch|
     ch.chef_server_url = "https://www.examplechefserver.com"
     ch.validation_key_path = "cert.pem"
 end
```

我们在这里使用两个新键：`chef_server_url` 和 `validation_key_path`。这两个都是将 Vagrant 机器（在本例中为节点）连接到 Chef Server 时必需的。

我们必须先配置 Chef Server 的 URL 和验证密钥（`.pem` 文件）的路径，这将会使 Vagrant 计算机注册为节点并下载运行列表（Recipe），最终完成配置。

11.5　总结

在本章中，我们讲解了如何使用 Chef 来配置 Vagrant 机器。为此，我们使用 Chef Cookbook 创建了一个 Recipe，该 Recipe 选择使用 Chef Solo 或 Chef Client 将对应软件安装到 Vagrant 机器上。

在第 12 章中，我们将讲解如何使用 Docker 来配置 Vagrant 计算机。我们将讲解 Docker 镜像、容器和 Docker Hub 等相关内容。我们还将探讨在配置 Vagrant 计算机时可用的多个 Docker 选项。

第12章 Docker——Docker与Vagrant一起使用

在本章中，我们将介绍如何使用Docker来配置Vagrant机器。请勿将其与用于提供开启和管理Vagrant机器的Docker provider混淆，到目前为止，我们使用的仍然是VirtualBox provider。

我们将深入研究Docker配置器，并查看使用Docker配置器时Vagrant中可用的功能。具体来说，您将了解以下内容。

- 了解Docker。
- Docker的关键组件（Docker Hub、容器和镜像）。
- 如何从Docker Hub中查找和拉取镜像。
- Docker基本用法（例如启动容器）。
- Vagrant中的Docker特定配置。

学习完本章，您将了解Docker是什么，以及如何将其用作Vagrant的预配置器。

12.1 了解 Docker

您可能听说过 Docker，即使您从未使用过它。目前它非常受欢迎，并且正被许多公司使用。Docker 是一种工具，可以让您使用一种称为容器化的虚拟化类型来管理应用程序。应用程序运行在容器中，可以托管在云中或使用自己的硬件。有多种工具可用于管理 Docker 容器，例如 Docker Swarm 和 Kubernetes。

Docker 由所罗门•海克斯（Solomon Hykes）于 2015 年 3 月发布，它使用 Go 语言编写，可以在 Windows、Linux 和 macOS 上运行。

Docker 与 Vagrant、VMWare 和 VirtualBox 属于同一种虚拟化类型，它也与 Chef、Puppet 和 Ansible 属于同一种源配置器和基础设施。

与其他虚拟化软件相比，使用 Docker 有许多好处。它以与传统虚拟机不同的方式运行，是一种轻量级且速度更快的替代方案。

Docker 使用 Docker 引擎，该引擎位于操作系统上，并共享组件，例如主机 OS 内核、库和二进制文件（只读），这意味着容器可以快速启动并且体积小。传统的虚拟化使用位于操作系统顶部的虚拟机管理程序，这将创建具有自己的库和二进制文件的全新操作系统。这样做的好处是可以打包整个系统，但也意味着文件可能很大，而且运行速度很慢。当然，这两种选择都有其优点，具体取决于您的需求。

Docker 关键组件

在谈论 Docker 时，您会听到一些主要组件。接下来一一进行讲解。

1．容器

容器方便使用且轻量，并且具有运行应用程序所需的所有软件包。容器运行在 Docker 引擎上，并与其他容器一起共享主机操作系统的内核。它其实就是 Docker 镜像的运行实例。

2. 镜像

Docker 镜像是由不同的层组成的文件。这些层包括工具、依赖项和系统库，它们会被用于创建容器。通常有一些基本镜像可供使用，例如 Ubuntu 操作系统镜像。您可以使用多个镜像来分隔应用程序，例如 Web 服务器（Nginx）和数据库服务器（MySQL）可以各自拥有一个镜像。

3. 仓库

Docker 提供了一个称为 Docker Hub 的仓库。它允许您浏览、提取和存储 Docker 镜像。您可以将其想像为 Vagrant Cloud，它提供了 Vagrant box 的托管以及其他功能，例如下载和搜索。我们将在 12.2 节中讲解有关 Docker Hub 的更多信息。

4. 服务

在 Docker 中，服务可以被视为特定应用程序的逻辑分组。服务通常是一组工作中的容器，服务可帮助管理 Docker 配置。有一些用于管理和编排 Docker 的特定工具，例如 Docker Swarm 和 Kubernetes。当服务达到一定规模或需要更多操作时，这些工具将非常有用。

12.2 使用 Docker Hub 查找和拉取镜像

Docker Hub 是为 Docker 镜像提供的在线托管仓库，它允许您在云上搜索、拉取和存储镜像，它类似于 Hashicorp 公司的 Vagrant Cloud 或 Chef Supermarket。

Docker Hub 还提供了一些非常有趣的功能，包括以下几种。

- 构建和测试镜像。
- 和 Docker Cloud 相通，允许将镜像部署到主机。

- 工作流、管道自动化。
- 集中式的容器发现。
- 用户账户系统。
- 公有和私有仓库。

让我们去 Docker Hub 用搜索工具查找一个镜像，具体步骤如下。

① 访问 Docker Hub 主页。

② 单击右上角菜单中的 Explore 链接。

③ 您将看到 Explore 页面中列出了很多顶级的官方仓库。

④ 在左上角有一个搜索栏，让我们搜索一下 `memcached`，结果如图 12.1 所示。

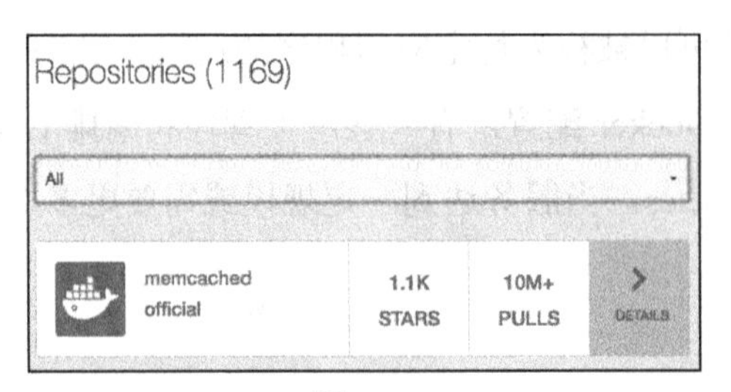

图 12.1

您可以看到，共找到了 **1169** 个仓库，最顶部的就是超过 1000 的关注量和 1000 万次拉取次数的官方仓库。

⑤ 您现在可以通过单击下拉菜单来筛选，如图 12.2 所示。

图 12.2

⑥ 单击最顶部的结果，可以了解有关官方 **memcached** 仓库的更多信息，如图 12.3 所示。

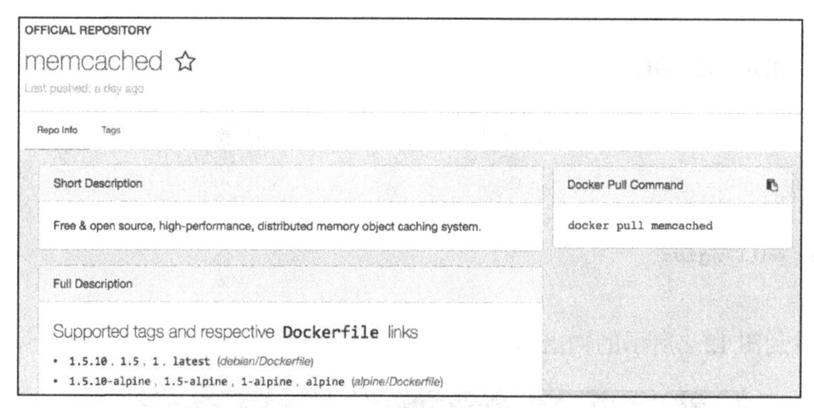

图 12.3

在这里，您可以看到与此图像相关的许多信息。其中包括一个 **Short Description**（简短描述）和一个 **Full Description**（**完整描述**）。完整描述包含有关如何使用镜像、许可和不同的可用版本的信息。在右边，您可以看到 `docker Pull memcached` 这个 **Docker Pull Command**（**Docker Pull 命令**）。这是一个命令，您可以通过执行它来拉取镜像，这样就可以用您自己安装的 Docker 来使用它。

12.3 基本用法——启动容器

我们不会深入研究如何将 Docker 作为一个单独的工具来运行。本章的重点是使用 Docker 配置一台 Vagrant 机器，Docker 的启动过程在 Vagrant 内部执行。我们将介绍一些基本的 Docker 命令，主要是那些在配置期间使用的命令，通过它们您可以更好地了解配置过程中发生了什么事情。

如果您不确定如何了解更多的特定命令，那么您可以执行 `Docker` 命令，它将列出命令用法、选项，管理和常规等所有可用的命令。

请注意，在执行这个命令前，您必须先安装 Docker，否则系统会报错。

12.3.1 docker pull

您可以执行 docker pull 命令从 Docker Hub 中拉取镜像，例如执行以下命令拉取 Nginx 镜像。

```
docker pull nginx
```

您将看到图 12.4 所示的输出信息。

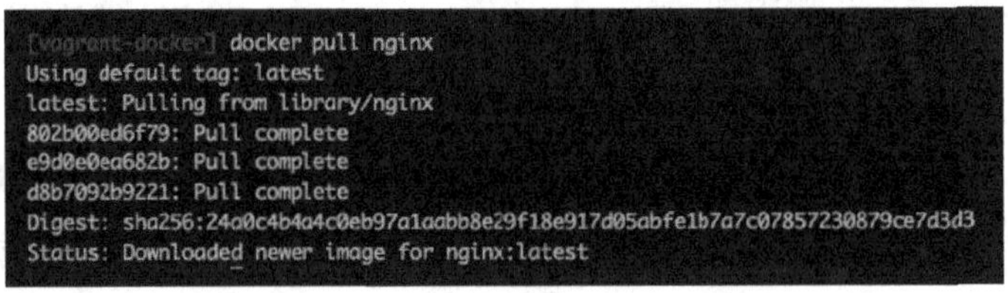

```
[vagrant-docker] docker pull nginx
Using default tag: latest
latest: Pulling from library/nginx
802b00ed6f79: Pull complete
e9d0e0ea682b: Pull complete
d8b7092b9221: Pull complete
Digest: sha256:24a0c4b4a4c0eb97a1aabb8e29f18e917d05abfe1b7a7c07857230879ce7d3d3
Status: Downloaded newer image for nginx:latest
```

图 12.4

然后我们可以通过执行 docker images 命令来确保此镜像可用，如图 12.5 所示。

图 12.5

12.3.2 docker run

您可以执行 docker run 命令启动新容器，例如执行以下命令启动一个 Nginx 容器。

```
docker run nginx
```

除了这个命令外，在屏幕上看不到任何其他内容，如图 12.6 所示。

图 12.6

如果在终端打开另一个选项卡并执行 `docker ps -a` 命令，您将看到所有正在运行的容器。在图 12.7 所示的内容中，您将看到刚运行的 Docker 容器。

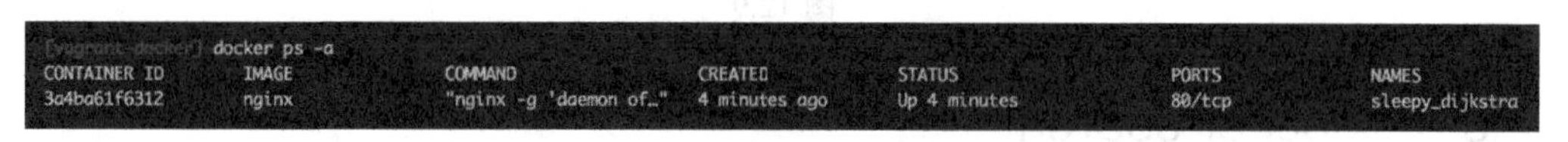

图 12.7

12.3.3　docker stop

您可以执行 `docker stop` 命令停止 Docker 容器，例如执行以下命令停止 `sleepy_dijkstra` 容器。

```
docker stop sleepy_dijkstra
```

如例所示，我们传入了 `sleepy_dijkstra` 这个容器名字。执行 `docker ps -a` 命令后查看到的状态是 `Exited (0) 3 seconds ago`。在图 12.8 所示的内容中，您可以看到两个命令和输出信息。

图 12.8

12.3.4　docker start

您可以执行 `docker start` 命令启动之前停止的 Docker 容器，示例如下。

```
docker start sleepy_dijkstra
```

如例所示，我们传入了 `sleepy_dijkstra` 这个容器名字。执行 `docker ps -a` 命令后查看到的状态是 `Up 4 seconds`。在图 12.9 所示的内容中，您可以看到两个命令和输出信息。

图 12.9

12.3.5　docker search

您可以执行 `docker search` 命令从命令行搜索 Docker Hub。下面的命令是搜索 Ubuntu：

```
docker search ubuntu
```

输出信息如图 12.10 所示。

```
[vagrant-docker] docker search ubuntu
NAME                                                  DESCRIPTION                                      STARS   OFFICIAL
ubuntu                                                Ubuntu is a Debian-based Linux operating sys…   8385    [OK]
dorowu/ubuntu-desktop-lxde-vnc                        Ubuntu with openssh-server and NoVNC            218
rastasheep/ubuntu-sshd                                Dockerized SSH service, built on top of offi…   170
consol/ubuntu-xfce-vnc                                Ubuntu container with "headless" VNC session…   129
ansible/ubuntu14.04-ansible                           Ubuntu 14.04 LTS with ansible                   95
ubuntu-upstart                                        Upstart is an event-based replacement for th…   89      [OK]
neurodebian                                           NeuroDebian provides neuroscience research s…   54      [OK]
1and1internet/ubuntu-16-nginx-php-phpmyadmin-mysql-5  ubuntu-16-nginx-php-phpmyadmin-mysql-5          44
ubuntu-debootstrap                                    debootstrap --variant=minbase --components=m…   39      [OK]
```

图 12.10

与在 Docker Hub 网站上搜索类似，您将看到一个以关注数量降序排序的搜索结果列表。您可以看到镜像名字、描述、关注数量和是否为官方发布。您可以执行 `docker pull [imagename]`命令将之拉取到本地。

12.4　使用 Docker 配置 Vagrant 机器

现在我们对 Docker 有了一些了解，可以进入有趣的部分了！在本节中，我们将介绍一个使用 Docker 配置 Vagrant 机器的示例。需要注意的一点是，Vagrant 会尝试安装 Docker，这样您就不必安装了。有趣的是，Docker 是在 Vagrant 机器上运行的，而不是在主机上，因此您将能够通过 SSH 进入 Vagrant 机器并执行 Docker 命令。

让我们开始使用 Docker 配置 Vagrant 机器。

① 执行 vagrant init -m 命令创建一个最简单的 Vagrantfile。

② 在 Vagrantfile 中添加如下配置块。

```
Vagrant.configure("2") do |config|
    config.vm.box = "ubuntu/xenial64"
    config.vm.network "forwarded_port", guest: 80, host: 8081
    config.vm.provision "docker" do |doc|
        doc.run "nginx", args: "-p 80:80"
    end
end
```

在配置块中，我们已经设置了一些默认值。例如使用 "ubuntu/xenial64" box 并指定网络使用从主机（8081）到客户机（80）的端口转发器。

在配置块中，我们设置 docker 为配置器。并将 nginx 镜像名作为参数传入 run 选项中。除了 run 选项，我们还传入了 args 选项并将其值设置为 "-p 80:80"，这将告诉 Docker 把容器的端口开放到主机上。这就是为什么我们配置了到客户机 80 端口的转发。

③ 现在执行 vagrant up 命令启动机器。在配置阶段，您可以看到图 12.11 所示的内容。

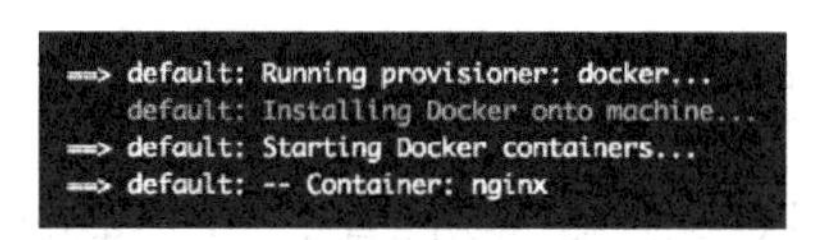

图 12.11

这里分几步。首先，它运行 docker 配置器，然后将 Docker 安装到计算机上。安装后，它将启动 Docker 容器（我们在 Vagrantfile 中使用 run 选项指定的），您将看到容器输出信息为-- Container: nginx。

④ 要测试所有操作是否成功，我们可以打开浏览器并访问地址 http://localhost:8081。这里应该使用 Vagrant 的端口转发将我们连接到容器，如图 12.12 所示。

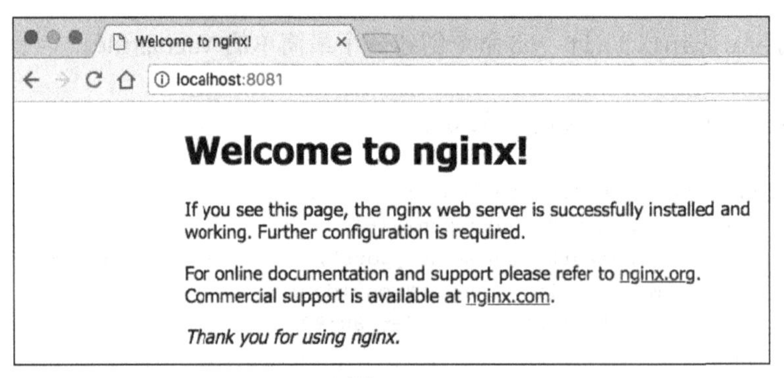

图 12.12

我们可以看到 Nginx 的默认欢迎页面，这意味着一切都在正常运转。

⑤ 我们也可以通过 SSH 进入 Vagrant 机器，通过终端访问 Docker。执行 `vagrant ssh` 命令进入 Vagrant 机器。

⑥ 进入机器后，执行 `docker ps -a` 命令列出所有正在运行的容器，如图 12.13 所示。

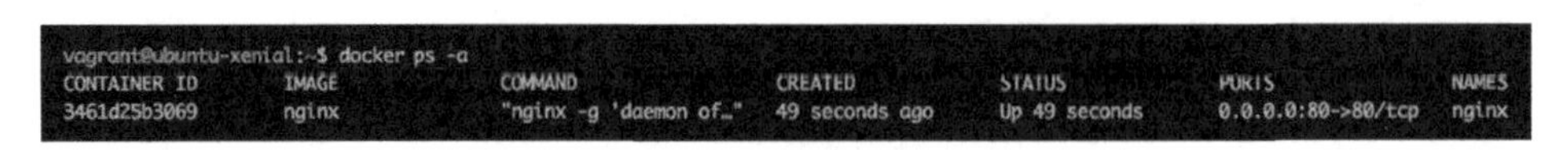

图 12.13

可以看到，Nginx 容器正在运行中。

恭喜！您已经使用 Docker 配置器成功配置了一台 Vagrant 机器。这是一个相当简单的过程，但功能非常强大。如果应用程序生命周期涉及 Docker，您现在可以尝试使用它进行开发。

12.5　Vagrant 中的 Docker 特定配置

当 Vagrantfile 中涉及 Docker 特定的配置时，不需要任何额外配置，Vagrant 会自动尝试安装 Docker（除非您已经安装了）。

12.5.1 镜像

如果您想让 Docker 使用特定的镜像，那么可以传入一个镜像数组。在 Vagrantfile 中的示例如下。

```
Vagrant.configure("2") do |config|
     config.vm.provision "docker", images: ["nginx"]
 end
```

这将试图拉取 nginx 镜像。还有其他类似 build_image 和 pull_images 的选项，下面分别进行介绍。

12.5.2 build_image

除运行和拉取镜像外，您还可以先构建镜像，然后将其应用在配置过程中。构建是在 Vagrant 客户机上完成的，目录必须可供 Docker 访问。它会执行 docker build 命令，您只需传入 Dockerfile 的位置即可。

在 Vagrantfile 中使用此选项的示例如下。

```
Vagrant.configure("2") do |config|
     config.vm.provision "docker" do |dock|
         dock.build_image "/vagrant/provision"
     end
 end
```

在这里，我们使用配置块中的 docker.build_image 选项设置目录（Dockerfile 所在的位置）。

使用 build_images 选项时，有一个名为 args 的附加参数。这允许您传入将会作为 docker build 命令的一部分的参数。该值将作为字符串来传递。

记得在构建时增加 --pull 标记（这样就总会拉取最新版本的镜像），Vagrantfile 的内容可能如下所示。

```
Vagrant.configure("2") do |config|
    config.vm.provision "docker" do |dock|
        dock.build_image "/vagrant/provision", args: "--pull"
    end
end
```

如果要传递多个参数或标志，只需将他们写在同一个字符串中，不需要使用数组。

12.5.3 pull_images

在配置期间操作镜像的另一种方法是在 Vagrantfile 中使用 `pull_images` 选项。此选项将尝试从 Docker 仓库中拉取并使用镜像。

Vagrantfile 的内容可能如下所示。

```
Vagrant.configure("2") do |config|
    config.vm.provision "docker" do |dock|
        dock.pull_images "nginx"
        dock.pull_images "mysql"
    end
end
```

此代码试图拉取 `nginx` 和 `mysql` 镜像。`pull_images` 选项可以多次使用并叠加，而 `images` 选项只能使用一次。

12.5.4 run

`run` 选项在 Vagrantfile 中用于启动运行特定的 Docker 容器，这是在 `vagrant up` 过程中完成的。它会通过执行 `docker run` 命令来实现这一点。

下面是 run 选项在 Vagrantfile 中的使用方式。

```
Vagrant.configure("2") do |config|
    config.vm.provision "docker" do |dock|
        dock.run "nginx"
    end
end
```

在上述示例中，我们指定 Docker 配置器运行 `nginx` 容器。可以多次使用 `run` 选项，但是如果使用的是同一个镜像，则必须为他们定义单独的名称或者标识符。下面是使用 nginx 镜像两次并使用不同名称的示例。

```
Vagrant.configure("2") do |config|
    config.vm.provision "docker" do |dock|
        dock.run "load-balancer", image: "nginx"
        dock.run "web-server", image: "nginx"
    end
end
```

一个 nginx 镜像标识为负载平衡器，另一个 nginx 镜像标识为 Web 服务器。您可以在这里任选名字，当然，描述性的名字通常是最容易理解的。

1. image

image 是使用 run 选项时的默认值，是您传递的第一个参数，例如镜像名字。但是，当您希望运行同一个镜像的两个容器时，可以将其作为选项传递，如前一个示例所示。

image 选项在 Vagrantfile 的配置块中的设置可能如下。

```
dock.run "lb1", image: "nginx"
```

在上述示例中，我们使用了 run 选项和 image 选项，选择的镜像是 nginx。

2. cmd

cmd 选项允许您传入将在容器中执行的命令。如果省略此选项设置，则将使用容器的默认值，这可能是 Dockerfile 中提供的 cmd 值。

cmd 选项在 Vagrantfile 的配置块中的设置可能如下。

```
dock.run "ubuntu", cmd: "echo $HOME"
```

在上述示例中，我们使用了 run 选项和 cmd 选项。这将在容器中运行 cmd 选项的值，它会访问 $HOME 环境变量，即用户的主目录。

3. args

使用 args 选项可以将参数传递给 docker run 命令。这类似于 build_image 部分中使用的附加 args 选项。如果您需要比常规命令更细粒度的命令，那么这将非常有用。

args 选项在 Vagrantfile 的配置块中的设置可能如下。

```
dock.run "ubuntu", args: "--name ubuntumain"
```

在上述示例中，我们引用了 run 选项和 args 选项。必要时，args 选项将参数传递给 docker run 命令。在上述示例中，它传递值为 ubuntumain 的 --name 标志，这将是容器的名称。

4. auto_assign_name

使用 auto_assign_name 选项可以自动命名 Docker 容器。它的工作原理是传递 --name 标志和一个值。该选项在默认情况下是启用的，即该值默认为 true。需要注意的一点是，镜像名称中的任何斜杠（例如 base/archlinux）都将替换为破折号（英文输入法），这样命名将成为 base-archlinux。名字由运行的第一个参数选择。

在下面的示例中，我们将 run 选项的值设置为 nginx，这样容器将自动命名为 nginx。覆盖此选项的唯一方法是将 auto_assign_name 值设置为 false，代码如下。

```
dock.run "nginx", auto_assign_name: false
```

5. daemonize

daemonize 选项允许您以守护进程的方式启动容器，它的默认值为 true。它会将 -d 标志传到 docker run 命令中。如果您不想以这种方式启动容器，您可以将它设置为 false。

daemonize 选项在 Vagrantfile 的配置块中的设置可能如下。

```
dock.run "nginx", daemonize: false
```

在上述示例中，我们使用了 run 和 daemonize 选项。daemonize 选项传递 false

值，让 Docker 知道我们不希望它作为守护进程运行，因此 -d 标志不会传递给 Docker。

6. restart

restart 选项允许您设置容器的重启策略。其默认值为 always，但也支持 no、unless-stopped 和 on-failure。如果您有特定的要求，并且需要控制一个或多个容器的重启策略，那么此选项将非常有用。

restart 选项在 Vagrantfile 的配置块中的设置可能如下。

```
dock.run "nginx", restart: "no"
```

在上述示例中，我们使用了 run 和 restart 选项。restart 选项传递 no 值，该值告诉 Docker 在容器退出时不要重新启动。

12.5.5 post_install_provisioner

使用 post_install_provisioner 选项可以在原配置器运行后再运行一个配置器。这听起来有点混乱，它本质上允许您在 Docker 块中创建一个新的配置块。您可以使用 Docker 作为主配置器，然后在里面使用一个 Shell 配置器，它将在 Docker 块配置完成时运行。

示例 Vagrantfile 如下。

```
Vagrant.configure("2") do |config|
    config.vm.box = "ubuntu/xenial64"
    config.vm.network "forwarded_port", guest: 80, host: 8081
    config.vm.provision "docker" do |dock|
        dock.post_install_provision "shell", inline:"touch
/vagrant/index.html && echo '<h1>Hello World!</h1>' > /vagrant/index.html"
        dock.run "nginx",
            args: "-p 80:80 -v '/vagrant:/usr/share/nginx/html'"
    end
end
```

上述代码将运行一个 nginx Docker 镜像，然后使用 Shell 配置器。后者将在 Vagrant

机器中运行一个脚本，该脚本只是更改了 Nginx 默认页面中的内容。

当运行上述示例时，您的主机能够访问地址 `http://localhost:8081`（设置完成后），您将看到一个巨大的“`Hello World!`”。

12.6　总结

在本章中，我们讲解了 Docker 以及如何使用它来配置一个 Vagrant 机器。我们还讲解了 Docker 的工作原理、如何使用 Docker Hub，以及各种可用的特定 Docker Vagrantfile 选项。您现在应该可以用 Docker 作为配置器进行实验了。

在第 13 章中，您将学习如何使用 Puppet 配置 Vagrant box。我们将重点介绍两种主要的类型——Puppet Apply 和 Puppet Agent。

第 13 章 Puppet——使用 Puppet 配置 Vagrant box

在本章中，我们将继续关注服务开通，还将介绍如何使用 Puppet 软件配置一个 Vagrant 机器。在本章中，您将了解以下内容。

- 了解 Puppet。
- 了解 Puppet Apply 和 Puppet Agent。
- 了解 Puppet Manifest。
- 如何使用 Puppet 配置一台 Vagrant 机器。

学习完本章，您将了解如何使用 Puppet 与 Vagrant 合作配置机器。

13.1 了解 Puppet

Puppet 是一种配置管理工具，用于部署、配置和管理节点（服务器）。

Puppet 由卢克·凯尼斯（Luke Kanies）于 2005 年发行。他是用 C++ 和 Clojure 语言编写的，可在 Linux、UNIX 和 Windows 操作系统上运行。作为软件，Puppet 属于“基础设施即代码”（Infrastructure as Code，是一种基于软件开发实践的基础设施自动化方法）范畴，这意味着您可以使用代码和配置文件进行基础设施的配置和更改。Puppet 使用 Manifest 文件来帮助配置节点或服务器（我们将在后面的部分中详细介绍）。

Puppet 使用配置拉取（主从服务器之间）的方式交互，在该架构中，节点（Puppet 代理）轮询主服务器以获取配置文件和更改。在这个主从交互过程中，生命周期分为以下 4 个阶段。

① 节点将自身相关的事件发送到主服务器。

② 主服务器使用这些事件来编译有关如何配置节点的目录，然后将目录发送回该节点。

③ 节点使用目录将自身配置变更为清单描述的状态。

④ 该节点会将任何变更或错误发送回主服务器，然后我们可以在 Puppet 仪表盘中查看报告。

Puppet 还支持多主控架构，这可以减少停机时间并提供高可用能力。当主服务器宕机或遇到任何问题时，另一台主服务器可以代替它。然后 Puppet 代理将轮询此新的主服务器以进行配置变更。

作为配置过程的一部分，Puppet 采取多个步骤来将配置文件中的代码进行转换，并将节点配置为代码所描述的状态。

1. Resource（资源）

Puppet 配置通常从 Resource 开始。您可以将 Resource 视为描述节点部分期望状态的代码。这些资源可能是需要安装的特定软件包，例如 Nginx。

2. Manifest（清单）

一个 Puppet 程序又被称为一个 Manifest。Manifest 包含 Puppet 配置代码，它具有.pp 扩展名。这些代码块就是我们前面讨论的 Resource。

3. Compile（编译）

编译过程是 Puppet Master 获取 Manifest 文件并将其编译到 Catalog 中的过程。节点会使用此 Catalog 进行配置以达到期望状态。

4. Catalog（目录）

Puppet Catalog 是由主服务器创建的文档。它通过编译 Puppet Manifest 文件创建，它也可以同时处理多个 Manifest 文件。节点会使用 Catalog 来配置期望的系统状态。

5. Apply（应用）

如果节点或者服务端有 Catalog，那么它会将该配置应用于自身。Apply 是一个安装任何需要的服务、软件或者下发文件的过程，它会让节点达到期望的状态。

6. Desired state（期望状态）

当谈论 Puppet 和配置时，您会听到 Desired state 这个概念。对 Puppet 而言，Desired state 代表节点或者服务器已经完全配置成期望的状态，即软件和服务已经安装并正常运行了。

13.2 Puppet Apply 和 Puppet Agent

在本节中，我们将讲解有关 Vagrant 中可用的两个 Puppet 配置——Puppet Apply 和 Puppet Agent。接下来，我们将使用这两个选项来配置 Vagrant 机器。

13.2.1 Puppet Apply

使用 Puppet Apply 来配置 Vagrant 机器时，您可以使用 Puppet 而无须 Puppet Master。它通过在客户机上调用 `puppet apply` 命令来工作。如果没有 Puppet Master 或者只需要简单的启动和运行，这个选项会很有用。

在 Vagrant 中使用 Puppet 时有 14 种不同的可用选项，这些选项可以通过 Vagrantfile 来使用，它们可以帮助您更好地控制 Puppet 配置器。

- `binary_path`。

  类型：`string`。

  描述：客户机上 Puppet bin 的目录路径。

- `facter`。

  类型：`hash`。

  描述：可用 facter（也可以称为 fact）参数的哈希值。

- `hiera_config_path`。

  类型：`string`。

  描述：主机上的分层配置路径。

- `manifest_file`。

  类型：`string`。

  描述：Puppet 将使用的 Manifest 文件的名称，默认值是 `default.pp`。

- `manifests_path`。

  类型：`string`。

  描述：Manifest 文件所在的目录，默认值是 `manifests`。

- `module_path`。

  类型：`string/string` 类型的数组。

描述：主机上保存 Puppet 模块的路径。

- `environment`。

  类型：`string`。

  描述：Puppet 的环境变量。

- `environment_path`。

  类型：`string`。

  描述：主机上存放环境变量文件的目录。

- `environment_variables`。

  类型：`hash`。

  描述：一组环境变量（在键值对字符串中），在 Puppet apply 运行之前将使用这些变量。

- `options`。

  类型：`string` 类型的数组。

  描述：这些选项可以在 Puppet 运行时传递到 Puppet 可执行文件中。

- `synced_folder_type`。

  类型：`string`。

  描述：要使用的文件夹同步类型，默认情况下将使用同步文件类型。

- `synced_folder_args`。

  类型：`array`。

描述：传递给文件夹同步的参数数组（值）。您可以根据所选的文件夹同步类型发送特定参数（请参阅前面的选项）。

- `temp_dir`。

类型：`string`。

描述：存储所有 Puppet 运行时数据（如 Manifest 文件）的目录（存在于客户机上）。

- `working_directory`。

类型：`string`。

描述：Puppet 工作目录（存在于客户机上）。

13.2.2　Puppet Agent

使用 Puppet Agent 配置 Vagrant 机器时，您需要连接 Puppet Master，它将会为节点提供模板和 Manifest。该配置器通过使用 Puppet 提供的 `puppet agent` 命令来工作。

在 Vagrant 中使用 Puppet Apply 时，有 7 个可用选项。可以通过在 Vagrantfile 中配置这些选项来更好地控制 Puppet。

- `binary_path`。

类型：`string`。

描述：客户机上 Puppet 的 bin 目录的路径。

- `client_cert_path`。

类型：`string`。

描述：节点的客户端证书所在路径，默认值为空，意味着没有客户端证书将被上传。

- `client_private_key_path`。

  类型：`string`。

  描述：节点客户端密钥的路径，默认为空，意味着将不会上传任何客户端密钥。

- `facter`。

  类型：`hash`。

  描述：可用 `facter`（也可以称为 `fact`）参数的哈希值。

- `options`。

  类型：`string/array`。

  描述：执行 `puppet agent` 命令时可以传递给 Puppet 的选项。

- `puppet_node`。

  类型：`string`。

  描述：节点的名称，如果未指定任何值，则 Vagrant 将尝试使用主机名（如果 Vagrantfile 中有设置）或使用其 box 的名称。

- `puppet_server`。

  类型：`string`。

  描述：Puppet 服务端的主机名，如果未指定任何值，默认将设置为 `puppet`。

13.3 Puppet Manifest 示例和语法

一个 Manifest 即一段 Puppet 程序。它由告诉 Puppet 做什么的代码组成，例如执行命令、安装软件和运行服务。Manifest 文件是模块的主要组成部分之一。它使用.pp 扩展名，可以在 manifests 文件夹中找到。

Manifest 文件中包含很多部分，例如 exec、package、service 和 file。接下来让我们深入研究一下它的语法。

Manifest 文件包含一些资源的声明，这些资源可以分为几类。Manifest 文件使用了一种称为 Puppet 的领域语言，类似于 YAML 或 Ruby 语言（在编写 Vagrantfile 时）。

以下安装和运行 Nginx Web 服务器的 Manifest 示例，让我们创建一个新 Manifest 并将其命名为 nginx.pp。

```
package { "nginx":
     ensure => installed
 }

 service { "nginx":
     require => Package["nginx"],
     ensure => running,
     enable => true
 }
```

在上述示例中，有几点需要注意。每种资源（部分）均以类别开头。我们使用了两种类别——package 和 service。在一个资源块中，我们将值括在大括号{}中，然后用 nginx 作为 key 并设置所需的值。

我们在资源块中使用了一些关键字——ensure、require 和 enable，这些关键字有助于描述节点发生的情况和所需的状态。ensure 关键字用来确保软件包或者服务正在执行您想要的操作，例如安装或者运行。当特定资源依赖于另一个资源时，使用 require 关键字。在服务资源中，我们使用关键字 enable，它使我们可以控制服务的活动状态，如果您需要在测试时暂时禁用服务，该功能将非常有用。

您可以使用#字符将注释添加到 Manifest 中，示例如下。

```
# This comment wont be parsed by Puppet but it will be useful for other
```

```
developers/DevOps
```

13.4 使用 Puppet 进行服务开通

让我们进入令人兴奋的部分！现在我们将使用 Puppet Apply 和 Puppet Agent 来配置 Vagrant 机器。我们将研究这两个选项并完成 Nginx Web 服务器的安装，我们还将使用 Vagrantfile 作为基础并添加一些 Puppet 特殊配置（例如 Manifest）。

13.4.1 使用 Puppet Apply 进行服务开通

Vagrant 中的 Puppet Apply provision 选项允许您快速启动和运行 Puppet。使用此选项时不需要单独的 Puppet Master。

使用 Puppet Apply 进行配置的步骤如下。

① 为此项目创建一个新目录，并进入新目录中。

② 创建一个目录，名字叫 `manifests`。

③ 在 manifests 文件夹中创建一个名为 `nginx.pp` 的 Manifest 文件，在此文件中输入的内容如下。

```
package { "nginx":
    ensure => installed
}
service { "nginx":
    require => Package["nginx"],
    ensure => running,
    enable => true
}
```

让我们拆解一下这个 Manifest 文件：首先安装 Nginx 软件包，然后将该软件包作为服务启动，并确保其正在运行。

④ 回到 Vagrant，执行 `vagrant init -m` 命令，创建一个最小的 Vagrantfile。

⑤ 在 Vagrantfile 中添加如下配置。

```
Vagrant.configure("2") do |config|
    config.vm.box = "ubuntu/xenial64"
    config.vm.network "private_network", ip: "11.11.11.11"
    config.vm.provision "shell", :inline => <<-SHELL
        apt-get update
        apt-get install -y puppet
    SHELL
    config.vm.provision "puppet" do |pup|
        pup.manifest_file = "nginx.pp"
    end
end
```

让我们拆解一下 Vagrantfile：首先将 box 设置为使用 Ubuntu Xenial 64 位操作系统，然后将网络设置为专有网络，并使用静态 IP 地址 `11.11.11.11`。

我们需要将 Puppet 安装在客户机上，否则您将收到错误提示，如图 13.1 所示。

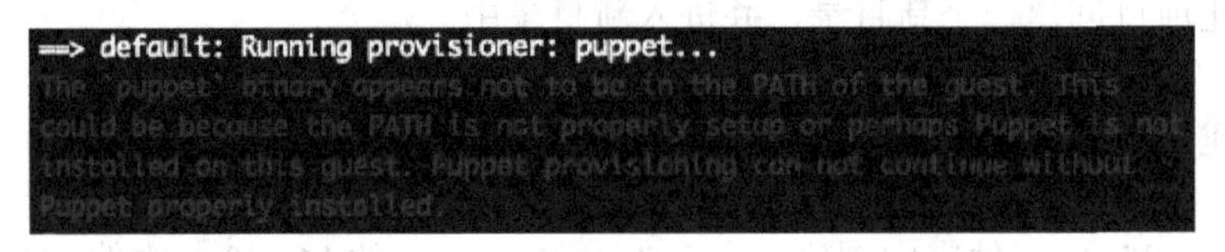

图 13.1

为了避免这个错误发生，我们使用 Shell 配置器先更新软件包，然后在 Ubuntu box 中安装 Puppet 软件。完成此操作后，Puppet 配置器将开始运行，它将会安装和运行 Nginx，如图 13.2 所示。

```
==> default: Running provisioner: shell...
    default: Running: inline script
```

图 13.2

图 13.2 所示内容显示了 Shell 配置器相关日志，从图 13.3 所示的内容可以看到 Puppet 配置器的相关日志。

```
==> default: Running provisioner: puppet...
==> default: Running Puppet with nginx.pp...
==> default: Notice: Compiled catalog for ubuntu-xenial.home in environment prod
uction in 0.60 seconds
==> default: Notice: /Stage[main]/Main/Package[nginx]/ensure: ensure changed 'pu
rged' to 'present'
==> default: Notice: Finished catalog run in 5.67 seconds
```

图 13.3

⑥ 完成后，在您的浏览器访问地址 `http://11.11.11.11`，可以看到 Nginx 的默认页面，如图 13.4 所示。

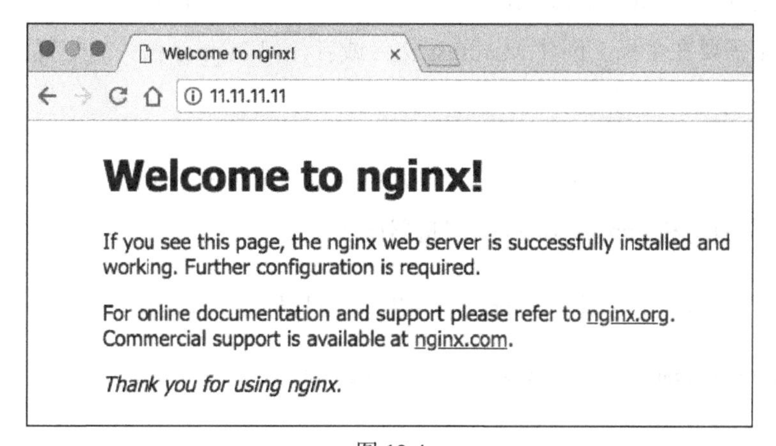

图 13.4

我们也可以执行 `vagrant ssh` 命令，通过 SSH 来检查 Puppet 是否在 Vagrant 机器上运行。进入机器后执行 `puppet help` 命令，可以看到图 13.5 所示的输出信息。

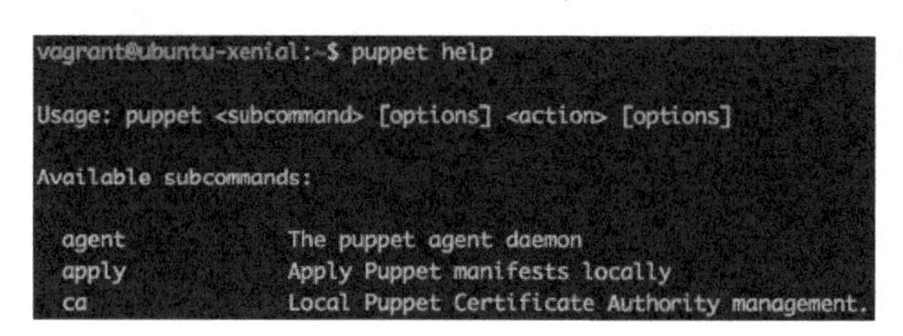

图 13.5

恭喜！您已经成功地使用 Puppet Apply 选项配置了一台 Vagrant 机器。您已经创建了一个 Vagrantfile 和一个 Puppet Manifest 文件，安装了 Nginx 并测试了其服务是否正确运行。

这是一个非常简单的示例。当然，Puppet 实际上是一个非常灵活和强大的预配置器，使用 Puppet 和 Vagrant 可以做很多事情。建议您通过测试一些可用选项来对它们进行更深的了解。

13.4.2 使用 Puppet Agent 进行服务开通

当使用 Puppet 作为配置器时，第二个选项是 Puppet Agent。尽管这个选项增加了一层复杂性（需要一台 Puppet Master 服务器），但是当涉及 Vagrant 时，本地需要的配置会更少。我们不需要在主机上创建 Manifest 文件或者任何 Puppet 相关的配置，这一切都将由 Puppet Master 服务器来处理。

Puppet Agent 仅充当了从服务器接收命令的客户端。在下面的示例中，我们将创建包含 Puppet Master 和 Puppet Agent 的多机器配置。

① 执行以下命令，创建一个新目录并进入，目录叫作 vagrant-puppet-agent。

```
mkdir vagrant-puppet-agent && cd vagrant-puppet-agent
```

② 在新目录中，执行 vagrant init -m 命令创建一个 Vagrantfile。

③ 现在需要编辑 Vagrantfile，这需要相当多的配置。使用 puppet_server/Puppet agent provision 选项时并不需要所有这些配置，但是我们还创建了一台 Puppet Master 服务器。

```
Vagrant.configure("2") do |config|
    config.vm.box = "ubuntu/xenial64"
        # Puppet Master 配置
        config.vm.define "puppetmaster" do |pm|

                pm.vm.provider "virtualbox" do |v|
                        v.memory = 2048
                        v.cpus = 2
                end

                pm.vm.network "private_network", ip:
"10.10.10.11"
```

```
                pm.vm.provision "shell", :inline => <<-SHELL
                        sudo echo "10.10.10.11
master.example.com" | sudo tee -a /etc/hosts
                        sudo echo "10.10.10.12
node.example.com" | sudo tee -a /etc/hosts
                        wget
https://apt.puppetlabs.com/puppetlabs-release-pc1-xenial.deb
                        sudo dpkg -i puppetlabs-release-pc1-
xenial.deb
                        sudo apt-get update -y
                        sudo apt-get install -y puppetserver
                        sudo awk '{sub(/-Xms2g -Xmx2g -
XX:MaxPermSize=256m/,"-Xms512m -Xmx512m")}1'
/etc/default/puppetserver > tmp.txt && mv tmp.txt
/etc/default/puppetserver
                        sudo echo "*" | sudo tee -a
/etc/puppetlabs/puppet/autosign.conf
                        sudo echo "autosign = true" | sudo tee
-a /etc/puppetlabs/puppet/puppet.conf
                        sudo echo
"certname=master.example.com" | sudo tee -a
/etc/puppetlabs/puppet/puppet.conf
                        sudo echo "[agent]" | sudo tee -a
/etc/puppetlabs/puppet/puppet.conf
                        sudo echo "certname=node.example.com"
| sudo tee -a /etc/puppetlabs/puppet/puppet.conf
                        sudo echo "exec { 'apt-get update':
path => '/usr/bin' } package { "nginx": ensure => installed }
service { "nginx": require => Package["nginx"], ensure =>
running, enable => true }" | sudo tee -a
/etc/puppetlabs/code/environments/production/manifests/default.
pp
                        sudo systemctl enable puppetserver
                        sudo systemctl start puppetserver
               SHELL
        end

        # Puppet 节点配置
        config.vm.define "pnode" do |pn|

               pn.vm.network "private_network", ip:
"10.10.10.12"
               pn.vm.provision "shell", :inline => <<-SHELL
               sudo echo "10.10.10.11 master.example.com" |
sudo tee -a /etc/hosts
```

```
                sudo echo "10.10.10.12 node.example.com" |
sudo tee -a /etc/hosts
                apt-get update
                apt-get install -y puppet
                sudo puppet agent --enable
                sudo echo "autosign = true" | sudo tee -a
/etc/puppet/puppet.conf
                sudo echo "certname=master.example.com" | sudo
tee -a /etc/puppet/puppet.conf
                sudo echo "[agent]" | sudo tee-a
/etc/puppet/puppet.conf
                sudo echo "certname=node.example.com" | sudo
tee -a /etc/puppet/puppet.conf
          SHELL

          pn.vm.provision "puppet_server" do |pup|
                  pup.puppet_node = "nginxplease"
                  pup.puppet_server = "master.example.com"
                  pup.options = "--verbose --waitforcert 10"
          end

      end
end
```

这是从本书开始到现在我们创建的最大的 Vagrantfile 了，它包含了相当多的配置，创建了多台 Vagrant 机器。让我们来分别看一下。

- 将 box 配置为使用 64 位 Ubuntu Xenial（这将同时应用于两台机器，因为它在配置块最外）。
- 定义一个 puppetmaster 块，用于配置 Puppet Master 机器。在这个块中有大量的自定义配置，其中部分用于处理错误，可能并不总需要。由于我们需要一台功能强大的机器来满足最低需求，因此我们将设置 RAM 内存和 CPU 数量。然后创建一个 Shell 配置器，它会安装 Puppet Server 软件并对多个文件进行配置。
- 定义一个 pnode 配置块，用于配置 Puppet Agent 机器。我们使用 Shell 配置器来安装 Puppet 并对多个文件进行一些配置更改，我们还将配置器设置为使用 puppet_server，然后我们配置节点名、Master 服务器地址和一些附加选项，这些选项将应用到 Puppet 运行。

④ 现在执行 `vagrant up --provision` 命令。这将需要一些时间，因为它必须先配置 Puppet Master 机器，再配置 Puppet Agent 机器。

在执行过程中，您会看到很多输出信息（本书为黑白印刷，具体颜色见实际界面）——主要是绿色的，但是也有一些是红色的。不要太担心红色部分，因为它在我们的场景中并不是错误，而是另一个级别的输出信息。绿色是 Vagrant 机器的输出信息，而红色可能是 Vagrant 机器中运行的 Puppet Master 的输出信息。

⑤ 首先是从 Puppet Master 的配置器开始。在这个过程中我们将看到 `echo` 语句输出信息，该语句将两条记录添加到`/etc/hosts` 文件中，如图 13.6 所示。

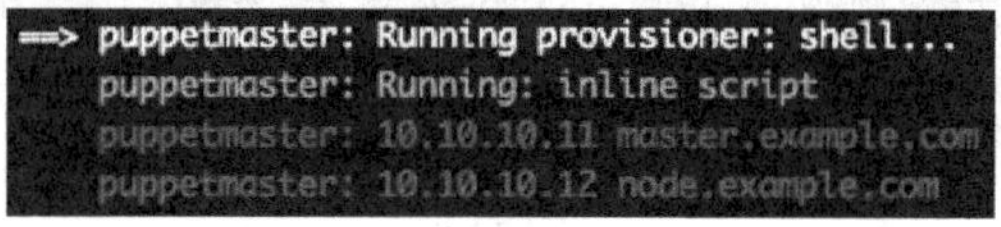

```
==> puppetmaster: Running provisioner: shell...
    puppetmaster: Running: inline script
    puppetmaster: 10.10.10.11 master.example.com
    puppetmaster: 10.10.10.12 node.example.com
```

图 13.6

Puppet Master 配置接近尾声。当我们向 `puppet.conf` 文件中添加信息时，我们将会看到更多的输出信息。在红色输出信息中，我们可以看到 Puppet Master 启动服务时的输出信息，如图 13.7 所示。

```
    puppetmaster: *
    puppetmaster: autosign = true
    puppetmaster: certname=master.example.com
    puppetmaster: [agent]
    puppetmaster: certname=node.example.com
    puppetmaster: exec { 'apt-get update': path => '/usr/bin' } package { nginx: ensure => installed } s
ervice { nginx: require => Package[nginx], ensure => running, enable => true }
```

图 13.7

⑥ 现在开始配置第二台 Vagrant 机器，它在本例中充当客户端或者节点，并使用了 Vagrant 配置选项中的 `puppet_server` 信息。我们将看到节点创建时缓存了 SSL 证书，如图 13.8 所示。

```
==> pnode: Running provisioner: puppet_server...
==> pnode: Running Puppet agent...
==> pnode: Info: Creating a new SSL key for nginxplease
==> pnode: Info: Caching certificate for ca
==> pnode: Info: csr_attributes file loading from /etc/puppet/csr_attributes.yaml
==> pnode: Info: Creating a new SSL certificate request for nginxplease
==> pnode: Info: Certificate Request fingerprint (SHA256): DD:3A:33:81:7D:61:5E:38:87:62:73:0C:83:23:E4:
AF:7B:0C:14:14:A4:B3:80:4C:9E:A2:D8:B4:B0:85:BC:D5
==> pnode: Info: Caching certificate for nginxplease
==> pnode: Info: Caching certificate_revocation_list for ca
==> pnode: Info: Caching certificate for ca
```

图 13.8

在节点配置尾声，我们将看到它 Retrieving pluginfacts（检索插件）然后 Applying configuration（应用配置）。它会创建一个具有状态的 YAML 文件，然后使用 Catalog 来达到 Desired state（期望的状态）。在图 13.9 所示的内容中，我们可以看到这是在 7.14 s 内实现的。

```
==> pnode: Info: Retrieving pluginfacts
==> pnode: Info: Retrieving plugin
==> pnode: Info: Caching catalog for nginxplease
==> pnode: Info: Applying configuration version '1537564189'
==> pnode: Notice: /Stage[main]/Main/Package[nginx]/ensure: ensure changed 'purged' to 'present'
==> pnode: Notice: /Stage[main]/Main/Exec[apt-get update]/returns: executed successfully
==> pnode: Info: Creating state file /var/lib/puppet/state/state.yaml
==> pnode: Notice: Finished catalog run in 7.14 seconds
```

图 13.9

现在，让我们检查一下 Puppet 配置是否正常工作，节点是否处于我们期望的状态（启动 Nginx）。在您的浏览器中访问 http://10.10.10.12。您会看到 Nginx 的默认页面，如图 13.10 所示。

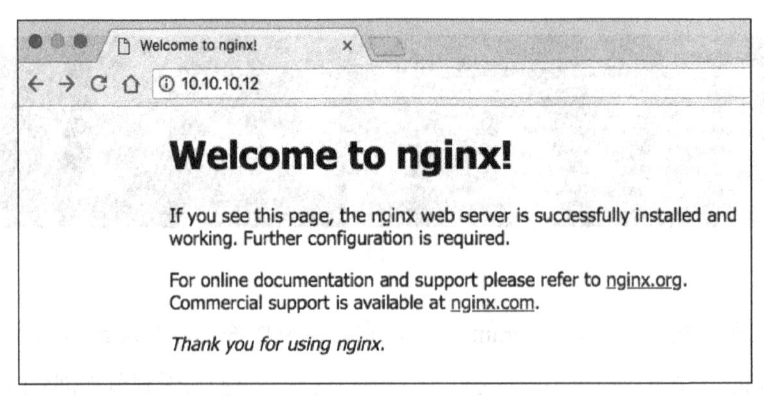

图 13.10

我们还可以通过 SSH 单独进入机器来查看它们的状态。执行 vagrant status 命令，查看每台机器的状态及其名称，如图 13.11 所示。

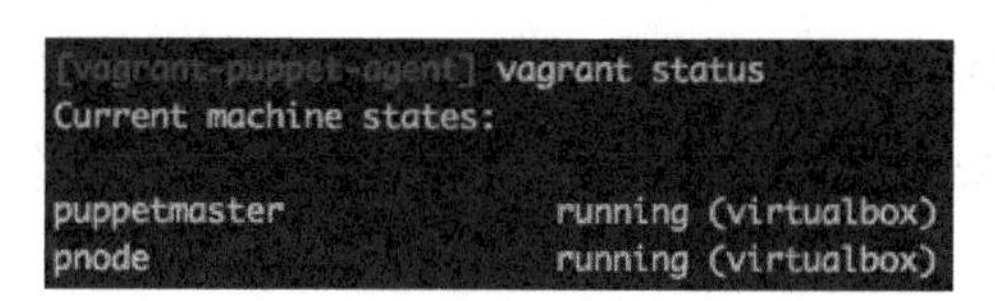

图 13.11

执行 `vagrant ssh puppetmaster` 命令，通过 SSH 进入 Puppet Master 主机。进入主机后，执行 `puppetserver --version` 命令，确认一切正常并查看当前版本，如图 13.12 所示。

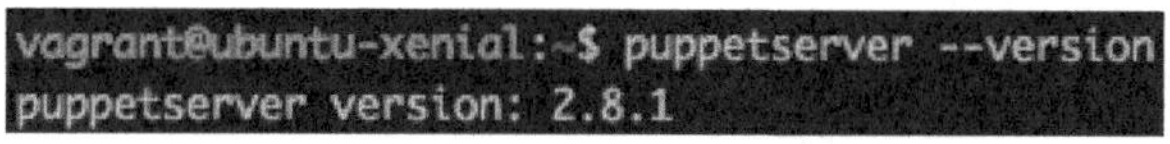

```
vagrant@ubuntu-xenial:~$ puppetserver --version
puppetserver version: 2.8.1
```

图 13.12

执行 `vagrant ssh pnode` 命令，通过 SSH 进入 Puppet 节点。进入节点后，执行 `puppet --version` 命令，确认一切正常并查看当前版本，如图 13.13 所示。

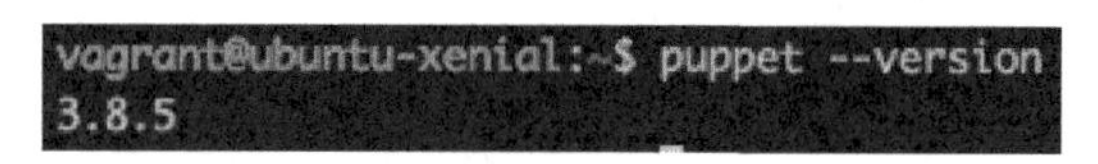

图 13.13

如果要停止两台机器，请执行 `vagrant halt` 命令。您也可以执行 `vagrant destroy` 命令，停止并删除机器和所有相关文件。

恭喜！您已经使用 Puppet Agent 选项成功地配置了一台 Vagrant 机器。至此，我们使用 Vagrant 中的多机器选项以及各种配置和网络选项创建了服务器和主机的 Puppet 传统设置。

13.5 总结

在本章中，我们讲解了 Puppet 作为 Vagrant 的配置器的所有相关知识。我们还讲解了 Puppet Apply 和 Puppet Agent 两种配置方法。

在第 14 章中，我们将重点讨论另一个 Vagrant 支持的配置器——Salt。我们将讲解 Salt 的组成以及 Salt 如何被用来配置 Vagrant 机器，您会对 Salt 和 Salt State 有一个很好的了解。

第 14 章 Salt——使用 Salt 配置 Vagrant box

这是本书的最后一章。在本章中，我们将讲解可与 Vagrant 一起使用的 Salt 配置的相关知识。学习完本章，您将会了解如何使用 Salt 来配置 Vagrant，您还会了解 Salt 作为独立的配置管理软件时应如何使用。我们还将讲解到 Salt 的工作原理。

具体来说，本章将介绍以下内容。

- Salt。
- Salt State。
- Salt State 语法。
- 使用 Salt 配置 Vagrant 机器。
- Vagrantfile 中可用的 Salt 配置。

14.1 了解 Salt

Salt 是一个配置管理软件，它也支持“基础设施即代码”理念。可以将其与 Chef、

Ansible 以及 Puppet 进行比较，它是用 Python 编写的，于 2011 年 3 月首次发布。

Salt 有时候被称为 SaltStack 平台，这是由于其采用了模块化的方法设计和构建软件。它是可扩展的、灵活的，它允许您添加和删除模块。

Salt 有一个主要配置——客户端和服务器端，您也可以将其理解为 Puppet Master 和客户端配置。Salt 使用服务器端（Master）和客户端（Minion）来进行配置管理。Salt 也支持另一种配置选项——Masterless。

14.1.1　Salt 服务器端

Salt 服务器端用于管理基础设施及组成它的服务器。它可以在客户端所在的服务器上远程执行命令并管理其状态。它还可以操作多层服务器端，命令可以通过更低级的服务器下发。Salt 服务器端同时管理着多个客户端，它从客户端收集机器的基本信息，然后根据这些信息来决定如何管理某些特定客户端。它运行一个名为 `salt-master` 的守护进程。

14.1.2　Salt 客户端

Salt 客户端通常是被 Salt 服务器端控制的服务器或者机器，客户端也可以运行 masterless 模式。Salt 服务器端运行一个名为 `salt-minion` 的守护进程，它的主要目的是执行从服务器端发送的命令，并且以 grains 的形式报告信息。

14.1.3　模块

Salt 有 6 个不同的模块。每种类型的模块都可以提供不同的操作或功能。下面分别介绍这 6 种模块。

1．Execution 模块

您可以将 Execution 模块视为 `ad hoc`（即席）命令，这些命令在客户端（命令行）的机器或节点上运行，它们是使用 Python 和 Cython 编写的。

2. State 模块

State 模块是 Salt 配置管理的核心部分。State 模块其实是一个文件，用于配置和描述计算机应处的状态，与描述计算机所需状态的 Puppet Manifest 非常相似。

3. Grains 模块

Grains 模块是关于客户端的静态信息。此信息包括关于客户端的核心详情，例如操作系统、CPU、内存以及在初始连接时收集并发送给服务器端的其他数据。这可以帮助服务器端对称不同类的客户端（例如特定的操作系统）。

4. Renderer 模块

Salt 中的 Renderer 模块用于将 Salt State files（SLS）中描述的数据类型转换为 Python 以供 Salt 使用和处理。一个常见的示例是将 SLS 文件渲染为 Jinja 模板，然后将其解析为 YAML 文档，通常有以下几种不同的组合。

- Jinja 和 YAML。
- Mako 和 YAML。
- Wempy 和 YAML。
- Jinja 和 JSON。
- Mako 和 JSON。
- Wempy 和 JSON。

5. Returner 模块

在 Salt 中，Returner 模块用来处理在客户端机器上执行的命令并输出信息。输出信息和结果数据一般会发送回服务器端，您也可以自行决定数据的去向。您可以选择使用任何可以接收数据的服务，例如 Redis 或 MySQL。该数据可以用于分析或归档，它可以让您更好地了解客户端上正在发生的事情，以及哪些命令执行起来最优。

6. Runner 模块

Salt 的 Runner 模块与 Executor 模块非常相似。它们的区别是，Runner 模块是命令执行的程序，在服务器端上运行。Runner 模块可以简单也可以复杂。可以执行 `salt-run` 命令来运行它们。

14.2 Salt State

Salt State 也称为状态模块，它是 Salt 中使用的状态系统的重要组成部分。Salt State 用于描述应该在客户端上安装哪些软件包以及配置项，例如用户账户、运行服务和文件夹权限。现在我们来看一看 Salt State 的语法。

Salt State 文件通常可以在根目录中找到，它使用 `.sls` 扩展名，内容使用 YAML 编写。Salt State 文件有一定的层次结构，根据要求和配置，层次结构可能会很深。

下面来分解一个 Salt State 文件。

```
lampstack:
     pkg.installed:
         - pkgs:
         - mysql-server
         - php5
         - php-pear
         - php5-mysql
```

首先应该为该部分设置一个名称。在本示例中，名称为 `lampstack`。然后调用 `pkg.installed` 来验证某些软件包是否已经安装。我们使用 `-pkgs` 选项并设置 `-mysql-server`、`-php5`、`-php-pear` 和 `-php5-mysql` 这些值。

14.3 使用 Salt 配置 Vagrant

让我们进入本章的主要部分：使用 Salt 配置一台 Vagrant 机器。我们将在本节查看

masterless 配置并介绍如何安装 Nginx Web 服务器。

① 为本例创建一个新的文件夹，将其命名为 vagrant-salt。

② 进入新文件夹并执行 Vagrant init -m 命令，创建新的 Vagrantfile。

③ 下面需要创建一些与 Salt 相关的文件夹。创建一个 roots 文件夹和一个 minionfiles 文件夹。在 roots 文件夹中创建一个名为 top.sls 的文件并输入以下内容。

```
base:
    '*':
       - base
```

在同一个文件夹（roots）中，创建另一个名为 base.sls 的文件，然后输入以下内容。

```
nginx:
    pkg.installed:
        - name: nginx
```

top.sls 文件指示要定位的主机。可以在此处使用*字符来表示我们将定位所有主机。这并不总是最好的选择，但是在这种情况下可以这样设置。这里还规定了要使用的 Salt 文件。- base 值将会被转换为我们创建的 base.sls。

base.sls 文件非常小。它规定应该安装 Nginx 软件包（.pkg）。现在让我们进入 minionfiles 文件夹并创建基本客户端文件。创建一个名为 minion.yml 的文件并输入以下内容。

```
master: localhost
file_client: local
```

这里我们将 master 的值配置为 localhost（因为我们使用的是无主模式），并且将 file_client 的值设置为 local。保存文件并且返回 Vagrantfile 所在的 roots 文件夹。

④ 配置 Vagrantfile。编辑文件以包含以下内容。

```
Vagrant.configure("2") do |config|
    config.vm.box = "ubuntu/xenial64"
    config.vm.network "private_network", ip: "10.10.10.20"
    config.vm.synced_folder "roots/", "/srv/salt"
    config.vm.provision :salt do |sa|
        sa.masterless = true
        sa.minion_config = "minionfiles/minion.yml"
        sa.run_highstate = true
    end
end
```

Vagrantfile 的内容比较紧凑，有很多可用的选项来配置 Salt。您将在接下来的部分中详细了解这些内容。

在本例的 Vagrantfile 中，我们首先配置了使用 64 位 Ubuntu Xenial 的 box，并将专有网络 IP 地址设置为 10.10.10.20。然后我们设置 Vagrant 的 synced_folder，将 roots 文件夹同步到 /srv/salt，以便它可以访问我们的 top.sls 和 base.sls 文件。我们将配置块改为使用 Salt 并设置一些基本值，还将 Masterless 选项设置为 true，将 minion-config 选项设置为使用 minionfiles 文件夹中最近创建的 minion.yml 文件。我们还将 run_highstate 选项设置为 true 来防止错误发生并运行文件。

⑤ 保存 Vagrantfile，然后执行 vagrant up -provision 命令，启动 Vagrant 机器。

⑥ 在 vagrant up 过程中，我们将会看到由 Vagrantfile 和 Salt 配置定义的新输出信息。首先会看到文件夹同步，我们可以看到 Vagrant 的 /srv/salt 文件夹链接到主机上的 /hosts 文件夹，如图 14.1 所示。

```
default: /srv/salt => /Users/alexbraunton/Projects/vagrant-salt/roots
```

图 14.1

然后看到 Running provisioner: salt... 字样，其中将显示 Salt 配置器的

所有输出信息。可以看到 Salt 检查了很多内容，例如是否安装了 `salt-minion`、是否安装成功等。

至此，Salt 已经安装，并且 Salt State 和客户端文件已经解析并执行，如图 14.2 所示。

```
==> default: Running provisioner: salt...
Copying salt minion config to vm.
Checking if salt-minion is installed
salt-minion was not found.
Checking if salt-call is installed
salt-call was not found.
Bootstrapping Salt... (this may take a while)
Salt successfully configured and installed!
run_overstate set to false. Not running state.overstate.
Calling state.highstate... (this may take a while)
orchestrate is nil. Not running state.orchestrate.
```

图 14.2

一旦 Vagrant 机器启动，就请打开 Web 浏览器并访问我们在 Vagrantfile 中配置的专用网络地址。打开地址 `http://10.10.10.20`，你会看到 Nginx 的默认欢迎页面，如图 14.3 所示。

图 14.3

恭喜！您已经使用 Salt 成功配置了 Vagrant 机器。我们使用`.sls`文件指示并安装了 Nginx 软件。您可以在此处尝试许多不同的选项，尤其是服务器端和客户端模式。

14.4　Vagrant 中可以使用的 Salt 选项

由于 Salt 本身是 Vagrant 内置的工具，因此有许多可用的选项。目前，在 Vagrantfile 中可以配置 6 种不同类型的选项，具体如下。

- Install 选项。
- Minion 选项。
- Master 选项。
- 执行状态。
- 执行器。
- 输出控制。

让我们细分这些选项组，看一看都有哪些可配置项。

14.4.1　Install 选项

Install 选项是相当通用的，用于管理 Salt 的安装。以下是可用的选项。

- `install_master`：如果这个选项值是 `true`，则会安装 `salt-master` 守护进程。
- `no_minion`：如果将这个选项设置为`true`，则不会安装 Minion。
- `install_syndic`：决定是否安装`salt-syndic`。
- `install_type`：通过软件包管理器选择安装类型，例如稳定版、日常版或者测试版。

- install_args：使用 Git 时，您可以指定其他 args，例如 branch 或 tag。
- always_install：决定是否安装二进制文件（即使已经安装过了）。
- bootstrap_script：自定义的引导 Shell 脚本的路径。
- bootstrap_options：自定义的引导脚本的其他选项。
- version:决定要安装的 Minion 版本。
- python_version：决定 Minion 上安装的主要 Python 版本。

14.4.2 Minion 选项

Minion 选项是特定于 Minion 的，仅当 no_minion 选项设置为 true（默认值）时才真正使用它们。以下是可用的选项。

- minion_config：定制 Minion 配置文件路径。
- minion_key：Minion 私钥的路径。
- minion_id：Minion 的唯一标识。
- minion_pub：Minion 公钥的路径。
- grains_config：自定义 grains 文件的路径。
- masterless：在本地模式下调用 state.highstate。
- minion_json_config：用于配置 Salt Minion 的有效 JSON 文档。
- salt_call_args：如果使用 Masterless 配置，则附加参数会传递给 salt-call。

14.4.3　Master 选项

Master 选项是特定于 Master 的，仅当 install_master 设置为 true 时才会真正使用它们。以下是可用的选项。

- master_config：主配置文件路径。
- master_key：Master 私钥的路径。
- master_pub：Master 公钥的路径。
- seed_master：用于将密钥上传到主服务器。
- master_json_config：用来配置 Master 的有效 JSON 文档。
- salt_args：如果使用 Masterless 配置，则传递给 salt 命令。

14.4.4　执行状态

只有一个选项可以控制配置期间的执行状态。

- run_highstate：在 vagrant up 中执行 state.highstate。

14.4.5　执行器

执行器选项控制配置期间的执行器运行，可用选项如下。

- run_overstate：决定在配置期间是否运行 state.over。
- orchestrations：决定在 vagrant up 期间是否执行 state.orchestrate。

14.4.6　输出控制

输出控制选项用来控制 State 执行的输出信息。

- colorize：决定输出信息是否是彩色的。
- log_level：决定输出日志的级别，默认为 debug。
- verbose：决定是否显示 Salt 的输出信息。

14.5 Vagrant 备忘清单

前面展示了使用 Vagrant 的各种技巧。学习正确的方法总是很有帮助的，而且使用更快的方法解决问题是令人感到舒服的一件事。本节将重点介绍使用 Vagrant 时的一些快捷方式，希望它们对您有所帮助。

14.5.1 测试 Vagrantfile

在编写了大小不一的 Vagrantfile 后，对其进行测试是很有帮助的。如果要编写复杂的 Vagrantfile，对其分别进行测试也会很有帮助，这样您无须编写完整个文件就可以发现错误。

执行 vagrant validate 命令，测试您的 Vagrantfile，无须执行 vagrant up 来完成整个过程。

14.5.2 保存快照

您可以快速、轻松地保存 Vagrant 机器的快照，并随时回滚到该快照。这对测试、本地版本控制和常规方法都很有用。

执行 vagrant snapshot save [options] [vm-name] [snapshot-save-name] 命令，保存快照。最后的参数用来为快照命名，以便您可以定位和回滚到该快照。

14.5.3 状态

Vagrant 提供了两个状态命令：vagrant status 命令用于查看当前的工作目录（如有）中的机器状态；vagrant global-status 命令用于查看系统上所有机器的状态。

14.5.4 box

box 是 Vagrant 生态系统的重要组成部分之一，它有时比较难以管理，这里有一些命令可以帮助您。

- `vagrant box list`：查看系统上所有已安装的 box。
- `vagrant box outdated --global`：检查已安装 box 的更新。
- `vagrant box prune`：删除旧版本的 box。

14.5.5 硬件规格

如果需要功能更强大的 Vagrant 机器，您可以在 Vagrantfile 中使用 `provider-specific` 参数来增强硬件规格。在下面的示例中，我们使用 `memory` 选项为机器设置更高的内存（RAM）值。使用 `cpus` 选项来设置更多的处理器数量。最后将 `gui` 选项值设置为 `true`，以便可以通过图形用户界面访问计算机。

```
config.vm.provider "virtualbox" do |vb|
    vb.memory = 4096
    vb.cpus = 2
    vb.gui = true
end
```

请注意，您不能指定比主机配置更高的硬件规格。

14.5.6 代码部署

您可以执行 `vagrant push` 命令，通过 Vagrant 部署代码，这是同时管理代码和机器的好办法。您需要先进行一些配置。在执行命令之前，您需要在 Vagrantfile 中指定一个远程服务器（例如 FTP）。下面是一个实例模块。

```
config.push.define "ftp" do |push|
    push.host = "ftp.yourdeploymentexample.com"
    push.username = "yourftpusername"
```

```
    push.password = "yourftppassword"
end
```

您可以使用 FTP、SFTP（在 FTP 版本中将安全选项设置为 true）、Heroku 执行为推送代码而创建的命令。

14.5.7 多机器

使用 Vagrant 多机器是创建基础架构的强大而简便的方法，可用于测试或者复制生产环境。您可以在一个 Vagrantfile 中设置多台 Vagrant 机器，然后分别管理它们。

每台机器在 Vagrantfile 中都有自己的配置块，配置块的配置都只对对应机器生效。您可以在每个块中使用不同的配置工具、硬件规格和其他选项。

14.5.8 通用基础

我们已经介绍了一些特定的部分，但是在尝试解决问题或者了解相关特定功能的更多信息时，有必要回顾一下基础知识。

您可以执行 vagrant help 命令列出所有命令，这将会显示命令的说明和用法。要获得有关特定命令的更多信息，可以执行 vagrant[command-name]-h 命令。

Vagrant 的官方帮助文档写得很好，非常易于理解和使用。当我使用不熟悉的知识点或一段时间未使用某知识点时，我会在官网参考一下相关文档。

Vagrant 中的错误信息通常很有帮助，并且相当容易理解。如果遇到任何问题，请尝试先理解错误信息。我经常使用搜索引擎来查找解决问题的办法。

14.6 总结

在本章中，我们讲解了如何使用 Salt 配置 Vagrant 机器，还讲解了使用 Vagrant 配置 Salt 时的可用选项，以及 Salt State 的语法。

本章的结束标志着本书的结尾。我鼓励您继续探索 Vagrant 的不同功能。本书主要聚焦在配置，您可以继续探索 Vagrant 的其他 provider 选项。我们在本书中使用的是 VirtualBox，其实 Vagrant 还支持其他 provider（如 VMWare 和 Docker），这一切都取决于您自己的环境和可用的软件，不过 Vagrant 非常灵活，选择它通常都能满足您的要求。